中等职业学校中餐烹饪与营养膳食专业教材

冷菜与冷拼
实训教程

主　编：杨宗亮　黄　勇

副主编：时　蓓　李国庆

编　委：盛金朋　王　飞
　　　　李川川　吴　晶

主　审：钱　峰

中国轻工业出版社

图书在版编目（CIP）数据

冷菜与冷拼实训教程 / 杨宗亮，黄勇主编. —北京：中国轻工业出版社，2018.3

中等职业学校中餐烹饪与营养膳食专业教材

ISBN 978-7-5184-1824-4

Ⅰ. ① 冷… Ⅱ. ① 杨… ② 黄… Ⅲ. ① 凉菜—制作—中等专业学校—教材 Ⅳ. ① TS972.114

中国版本图书馆CIP数据核字（2018）第006745号

责任编辑：史祖福　方晓艳　　责任终审：孟寿萱　　整体设计：锋尚设计

策划编辑：史祖福　　　　　　责任校对：吴大鹏　　责任监印：张　可

出版发行：中国轻工业出版社（北京东长安街6号，邮编：100740）

印　　刷：艺堂印刷（天津）有限公司

经　　销：各地新华书店

版　　次：2018年3月第1版第1次印刷

开　　本：787×1092　1/16　印张：10.25

字　　数：230千字

书　　号：ISBN 978-7-5184-1824-4　定价：43.00元

邮购电话：010-65241695

发行电话：010-85119835　传真：85113293

网　　址：http://www.chlip.com.cn

Email：club@chlip.com.cn

如发现图书残缺请与我社邮购联系调换

171354J3X101ZBW

近年来，随着我国社会经济的发展，国家对中等职业教育越来越重视，2005年，国务院在北京召开了全国职业教育工作会议，提出了"大力发展中国特色的职业教育，以服务社会现代化建设为宗旨，培养数以亿计的高素质劳动者和数以千万计的高技能专业人才，努力实现我国职业教育发展新跨越。"2010年，国务院审议通过了《国家中长期教育改革和发展规划纲要（2010—2020）》，这对中等职业教育来说，是新的机遇和挑战，国家对职业教育发展的支持力度空前高涨，为职业教育提供了更广大的政策支持和保障，这对中等职业教育的发展具有极其重要的意义。

随着社会的发展，餐饮行业的队伍在迅速壮大，社会餐饮业发展迅速，数以千万的餐饮企业需要越来越多的技术人才，烹饪专业的人才需求已出现供不应求的局面，因此，烹饪专业人才培养的市场越来越大，而中职层次烹饪专业人才的培养在从事餐饮行业的人员中，占到整个人员的一半以上。因此，结合餐饮行业的特点及烹饪人才的需求需要，根据国家对中职教育的发展意见，坚持贯彻提高教学质量，改进教学方法，不断推进教学改革，尽快地为社会培养更多更好的烹饪人才的要求，我们在借鉴以往教学经验的基础上，组织有关人员编写了本教材。

《冷菜与冷拼实训教程》是中职烹饪专业的专业课教材之一，旨在提高学生对冷菜和冷拼知识的认识和掌握，提高对冷菜、冷拼设计和制作的水平。全书从冷菜和冷拼制作的要求、作用、分类等基础知识到冷菜和冷拼造型的设计、制作过程进行了详述，并配有详细的制作图片辅助学习、指导制作，列举部分类别冷菜和冷拼的实例，本着实用为主、够用为度的原则，为学生的就业和实际操作打下良好的基础。

本书由江苏省徐州技师学院杨宗亮、溧阳市天目湖中等专业学校黄勇担任主编，江苏省徐州技师学院时蓓、李国庆担任副主编，湖南省商业技师学院盛金朋、王飞、厦门工商旅游学校李川川和无锡旅游商贸高等职业技术学校吴晶参加编写工作，全书由杨宗亮进行编纂整理。江苏省徐州技师学院钱峰担任主审。

本书在编写过程中，得到了江苏省徐州技师学院、溧阳市天目湖中等专业学校、湖南省商业技师学院、厦门工商旅游学校和无锡旅游商贸高等职业技术学校相关领导的大力支持，在此表示衷心的感谢。

由于编者时间仓促、水平有限，缺点遗漏在所难免，书中缺点、不妥之处，恳请专家、同行及广大读者批评指正。

编　者

目 录
CONTENTS

项目一
冷菜、冷拼概述

项目导学

通过项目内容的学习，使学生了解冷菜与冷拼的基本概念、性质及基本特点，了解中国冷拼的形成与发展，认识冷菜的制作原则、要求和作用，以便对冷菜、冷拼有一个基本的认识。

项目目标

认知目标：

通过本次课程的学习，掌握冷菜、冷拼的概念、应用、构思设计以及表现的形式；了解和掌握冷菜、冷拼制作的相关知识，通过这些知识全面了解冷菜、冷拼在实际应用中的重要性。

技能目标：

通过冷菜、冷拼基础理论的学习，要求掌握具体冷菜、冷拼制作的要求，学会冷菜、冷拼的制作方法和技巧，为全面掌握各种冷菜、冷拼的设计和制作技能打下基础。

情感目标：

加强学生职业素养的培养，提升同学之间相互团结协作、沟通协调的能力，提高学生的学习兴趣，并与其他学生一道共同完成学习任务。

项目重点难点

重点：

❶ 冷菜、冷拼的概念与应用。

❷ 冷菜、冷拼的制作。

❸ 冷菜、冷拼的拼摆手法。

难点：

❶ 冷菜、冷拼造型设计与构思。

❷ 冷菜、冷拼的拼摆手法和技巧。

冷菜、冷拼的概念和要求

任务 1

🍄 **任务要求**

1. 掌握冷菜、冷拼的概念及其在筵席中的作用；

2. 掌握冷菜、冷拼在具体实际中的应用。

🕐 **知识准备**

冷菜是筵席中必不可少的一大类菜肴，与热菜相比，具有明显的区别：冷菜一般是先烹调，后刀工；而热菜则是先加工，后烹调。冷菜是以丝、条、片、块为基本形态来组成菜肴的形状，并有单盘、拼盘以及工艺性较高的花鸟图案冷拼之分；而热菜一般是利用原料的自然形态或原料的刀工处理、加工等手段来构成菜肴的形状。冷菜强调"入味"，或是附加食用调味品，讲究香料入味，有些品种不需加热就能成为菜品；热菜必须通过加热才能使原料成为菜品，是利用原料加热以散发热气使人嗅到香味。

冷菜的风味、质感也与热菜有明显的区别。从总体来说，冷菜以香气浓郁、清凉爽口、少汤少汁（或无汁）、鲜醇不腻为主要特色，具体又可分为两大类型，一类是以鲜香、脆嫩、爽口为特点；一类是以醇香、酥烂、味厚为特点，前一类的制法以腌、拌、焓等技法为代表，后一类则由卤、酱、烧等技法为代表，具有不同的内容和风格。

一、基本概念

冷菜，又称凉菜，是将烹饪原料经过加工后首先烹制成熟或腌渍入味，再切配装盘，为凉吃而制作的一类菜肴；冷拼，又称冷盘、彩盘、中盘、主盘，它指的就是将熟制后的冷菜或直接可食用的生食菜，按照一定的食用要求，采用各种刀法处理后，运用各种拼摆手法，整齐美观地装入盛器内，制成具有一定形状或图案的冷菜。其中花色冷拼是指利用各种加工好的冷菜原料，采用不同的刀法和拼摆技法，按照一定的次序、层次和位置将多种冷菜原料拼摆成飞禽走兽、花鸟虫鱼、山水园林等各种平面的、立体的或半立体图案，提供给就餐者欣赏和食用的一门冷菜拼摆艺术。根据其表现手法的不同，一般可分为"平面式""卧式""立体式"三种。

冷菜是菜品的组成部分之一，同热菜一样重要，是各类筵席必不可少的。近几年来，随着经济的发展，冷菜、冷拼的制作技艺和拼摆手法得到迅猛发展，原料的使用范围进一步扩大，取材也更广泛，其运用范围也更广，拼摆形式也从以前的平面向半立体发展。

二、冷菜、冷拼的特点

1. 滋味稳定，容易存放

冷菜冷食，大多不受温度所限，放置久了对滋味和口感影响不大，这就适应酒席上宾主边吃边饮、相互交谈，所以也是理想的佐酒佳肴。可以提前制作，随时可用，特别是在大批量需要的时候，方便应用。

2. 筵席首菜，突出主题

冷菜是筵席的脸面，特别是一些花色拼盘，能突出筵席的主题，如喜宴、寿宴等，冷菜要采用喜庆、愉悦的色彩，象征性的装盘手法和造型，来突出筵席的主题，制造一种喜庆的氛围。

3. 造型美观，色彩鲜艳

冷菜常以第一道菜入席，讲究装盘工艺，优美的造型和丰富的色彩对整桌菜肴的质量评价有着一定的影响。特别是一些图案装饰冷拼，令人心旷神怡，兴趣盎然，诱人食欲，活跃宴会气氛，为筵席锦上添花。

4. 选料广泛，自成一格

冷菜是筵席不可缺少的，选料上有荤有素，口味酸甜咸辣，还可独立成席，如冷餐宴会、鸡尾酒会等，主要由凉菜组成，格局一菜一品，使用原料多样、调味变化多端、形状千变万化、色彩搭配合理，自成一格。

5. 大量制作，便于备货

由于冷菜不像热菜那样随炒随吃，可以长时间存放，因此可以提前大量备货，便于大量制作。特别是举行大型宴会、冷餐酒会或自助餐，由于准备充分，能缓和烹饪方面的紧张。

6. 便于携带，食用方便

冷菜一般都具有无汁无腻、方便包装、食用方便等特点，所以它便于携带；在密封的情况下，也可久存，作为馈赠亲友的礼品。在旅途中食用，不需加热，也不需要一定的用具。

7. 便于陈列，方便需要

由于冷菜没有热气，可以较长时间放置，许多酒店把它作为菜品陈列的理想菜品，这既能反映企业的经营面貌，又能展示厨师的技术水平，便于饭店开展业务，显示菜肴质量。

三、冷菜、冷拼的作用

冷菜、冷拼在筵席程序中是最先与就餐者见面的头菜，它以艳丽的色彩、精湛的刀工、逼真的造型呈现在人们面前，赏心悦目，让人食欲大开，使就餐者在饱尝口福之余，还能得到美的享受。

1. 突出主题

冷菜、冷拼在筵席中首先要突出筵席的主题。冷菜、冷拼制作者在制作前，要及时了解筵席的主题、目的，以便构思和设计冷菜、冷拼的图案，使其符合筵席的主题，不能随意制作，否则会事倍功半，达不到突出筵席主题的目的。如喜宴，设计者可设计龙凤呈祥、鸳鸯戏水等吉祥如意的图案，以表达喜庆吉祥、恩爱美好的目的；寿宴，设计者可设计松鹤延年、寿桃、山水寿石等图案，以表达身体健康、延年益寿之意；庆功宴，设计者可设计锦上添花、前程似锦等图案，以表达功名成就、更进一步之意；团聚宴，设计者可设计幸福满堂、喜鹊相会等图案，以表达相逢喜悦、相聚团圆之意；迎宾宴，设计者可设计孔雀开屏、迎宾花篮等图案，以表达热情欢迎、友谊长存之意。

2. 烘托就餐氛围

由于冷菜、冷拼色彩鲜艳、刀工精细、造型美观，会给就餐者以艺术的享受，就餐者会把烹饪与艺术有机地联想，在赏心悦目、轻松愉悦的氛围中就餐，在艺术与美食的享受之中，再加上突出的主题，会使人浮想联翩，随着一道道美食的品鉴，更加深筵席的意义，达到了烘托氛围的目的。

3. 提升筵席档次

冷菜、冷拼造型在筵席中，能突出筵席的档次，一般来说，筵席的档次越高，冷菜、冷拼制作的难度越大，制作越精细，造型更加美观，原料也是选用一些上等原料，以显示主人的重视，这会给客人带来一种心理满足，既突出了主题，又显示了主人的热情大度，给客人留下深刻印象。

4. 展现制作者的高超技艺

冷菜、冷拼在构思、设计、制作时不仅需要精心设计、巧妙构思、精细制作，同时还要原料搭配合理、口味变化多端、色彩绚丽，这就要求制作者要有一定的艺术细胞和精湛的烹饪技艺，才能达到刀工精细、拼摆手法娴熟、图案造型栩栩如生，自然美观，不仅给客人带来艺术享受，更显示了制作者精湛的技艺。

四、冷菜、冷拼制作的基本原则

1. 食用与观赏相结合的原则

食用与观赏，是冷菜、冷拼最重要的因素，食用价值是冷菜、冷拼制作的前提，要以食用为主，观赏为辅，观赏是对冷菜、冷拼所表现的艺术形式的一种肯定，其表现形式是烹饪技术与艺术的有机结合。因此，食用与观赏相结合，是冷菜、冷拼的主要体现所在，二者不可分割，单纯追求食用性，谈不上艺术，单纯追求观赏性，忽视食用性，则失去了冷菜、冷拼的内涵要求。

2. 营养与卫生相结合的原则

冷菜、冷拼的目的，是追求美食享受，但食用最终的目的，是获取营养成分，维持人体生理需要，注重营养搭配的同时，还要注意食物原料的卫生，要保证食物原料在不受污染和不变质的情况下去使用和食用，这是人们食用食物最基本的要求。因此，冷菜、冷拼要做到营养与卫生相结合，这是人们食用的前提条件。

3. 造型与盛器相结合的原则

冷菜、冷拼的造型是冷菜、冷拼的表现形式，造型的好坏、大小的布置、比例的协调与盛器的大小、色彩、形状有密切关系，很多冷菜、冷拼都是依据盛器的大小、色彩、形状来设计图案，这样设计的造型与盛器相辅相成，从而衬托出冷菜、冷拼的造型更加美观、协调，突出冷菜、冷拼的艺术性。

4. 刀工与造型相结合的原则

冷菜、冷拼的造型图案是否美观，在技术上主要是突显刀工的精细。精细的刀工就是根据不同原料采取的不同的刀法，根据图案的形态，对原料形状、粗细、长短、厚薄等进行精细加工，做到整齐一致，既有利于艺术的表达，又有利于食用，精细的刀工对造型起着至关重要的作用。

5. 原料与口味相结合的原则

冷菜、冷拼的原料主要是体现经过加工烹调处理后的食用性，因此，在原料加工制作过程中，要根据原料的性质特点，有目的、针对性地对原料进行调味，使人们在食用冷菜、冷拼的过程中，既得到艺术享受，又满足口福的需要，使身心和精神都达到愉悦的境地。

6. 色彩与造型相结合的原则

冷菜、冷拼的造型除体现在精细的刀工、优美的图案外，色彩是图案更直接的一种效果，色彩搭配的合理与否，对冷菜、冷拼的效果至关重要，在冷菜、冷拼制作中，往往会出现冷暖色的不协调，色彩差异不大，色彩不鲜艳等情况，因此，在冷菜、冷拼的制作中，要学会色彩的使用原则，使色彩搭配合理，从而增加造型的美观。

7. 传统与创新相结合的原则

冷菜、冷拼的制作，全国各地都很常见，许多造型雷同或相似，特别是一些大赛获奖作品，都作为样本被临摹；一些传统的工艺造型更是作为教学模板去使用，近年来的一些大赛，出现了一些创新的品种，让人耳目一新。因此，创新与传统的造型相结合，会使冷菜、冷拼更加生动。

五、冷菜、冷拼制作的基本要求

1. 便于食用，但要防止串味

冷菜、冷拼作为一种有艺术形式表现的食物，要符合食用的目的。由于冷菜、冷拼使用到较多的原料食物，且在拼摆的过程中，原料互相叠砌，且不同的食物有着不同的口味，在这种情况下，极易使原料相互串味。因此，在原料制作过程中，尽可能少用一些带汤汁的食物原料；在拼摆过程中，尽可能使原料单独分开切配，减少原料串味的机会，从而保持一菜一味的格局。

2. 色彩协调、造型美观

冷菜、冷拼制作中，首先要构思好图案造型，设计好色彩的搭配协调，不能随意取些原料，随意拼摆，不能使色彩出现顺色、杂色，要根据图案要求，色彩搭配合理，图案美观，造型协调一致，比例恰当，给人以象形逼真的感觉，因此制作者要有一定的艺术素养，懂得色彩的搭配，从而使图案更加美观。

3. 拼摆刀法多样

冷菜、冷拼美观，除体现在色彩上，更重要是体现在刀工上，因此，在拼摆的过程中，要注意刀法的结合。烹饪中的刀法种类很多，要根据不同要求，合理使用各种刀法，尽可能使用多种刀法，使原料的形态多样，从而保证冷菜、冷拼的图案更加优美精致，达到预期的目的。

4. 硬面与软面要有机结合

冷菜、冷拼的硬面，就是用经刀工处理后具有一定特殊形状的原料，用排、摆、贴等手法制成整齐、具有节奏感的表面，覆盖在垫底的原料上；冷菜、冷拼的软面，是指用不能用于排列或不需要排列的、比较细小的原料堆砌的不规则的造型表面。硬面和软面是两种表面形状不同的原料，在制作过程中，要衔接得当。

5. 选择好器皿

冷菜、冷拼的制作，器皿的选择很重要，器皿的色彩、大小、形状要与冷菜、冷拼的图案造型有机结合，俗话说"美食不如美器"，特别是一些特殊造型的器皿，会给冷菜、冷拼增色不少，亮丽的色彩，也会给图案带来意想不到的艺术效果，器皿大小与冷菜的品种、数量、图案的大小要协调。因此，冷菜、冷拼制作前，要有目的地去选择器皿，达到理想的效果。

6. 节约用料、物尽其用

冷菜、冷拼的原料，使用原料种类较多，且经过各种刀工处理后，下脚料较多，因此，在原料选择时，要注意合理使用原料，有些下脚料经过刀工处理后，可作为垫底原料使用，这样就避免了浪费，达到物尽其用的效果。

六、冷菜、冷拼制作中注意事项

冷菜、冷拼都是由可食性原料制作，可以直接或烹调后食用，由于制作时间比较长，需要精工细作，劳动量也比较大，在制作中需注意以下几个问题。

1. 制作的原料必须是可食用的原料

在冷菜、冷拼制作中，无论使用的原料是生料还是熟料，一定要保持其可食性，非可食性原料绝对不允许使用，包括各种食品添加剂，有些原料，新鲜状态下不能食用，但经过烹调加工后可以食用，有人为了使冷菜、冷拼色彩更美观，造型更加别致，使用一些非食用性原料，那就违反了《食品安全法》。

2. 不能用腐烂变质原料

有些原料由于制作过程时间较长，特别是在天气炎热的情况下，原料容易腐烂变质，一旦原料变质，则不能继续使用，另外还要注意制作过程中有些原料的交叉污染。

3. 注意制作过程卫生

冷菜、冷拼制作过程在原料选用、餐具选择、刀具使用、工具配用等方面要严格按照卫生要求，要及时进行必要的消毒处理，制作时最好配以消毒塑料手套，使用的生料、熟料不要被设备、工具等污染，尽可能缩短制作时间，以保证冷菜、冷拼的新鲜度，保证冷菜、冷拼的质量。

4. 要防止成品变色、变质、变形

由于冷菜、冷拼制作所使用的原料，有些会与空气中的氧接触而使其变色，有的会因为搁置时间较长而干燥变色，尤其在拼盘摆放过程

中，由于摆放时间较长，容易变色、变质、变形。冷菜、冷拼在制作好后，若不及时使用，可用保鲜膜覆盖，放在低温下保存，也可在冷菜、冷拼表面涂刷一层油，既防止原料水分挥发，又防止食物与空气接触，同时还会使成品明亮鲜艳，达到保管的目的。

思考题

1. 什么是冷菜、冷拼？有哪些具体应用？
2. 冷菜、冷拼的制作原则是什么？有哪些基本要求？
3. 冷菜、冷拼制作中要注意什么？
4. 冷菜和热菜主要有哪些区别？

任务 2 冷菜、冷拼的制作

🍄 任务要求

1. 掌握冷菜、冷拼制作的基本要求；

2. 掌握冷菜、冷拼调味品的制作方法。

🕐 知识准备

一、冷菜的制作

冷菜的制作，是指对烹饪原料加热成熟后或不加热直接进行调味，用于冷吃菜肴的制作过程，有热制冷吃和冷制冷吃等。

冷菜是用来制作冷拼的主体原料，原料通过各种不同的成熟方法，将其加工成符合制作要求的熟制品，将这些熟制品经过刀工处理，拼摆出一定的造型和图案，这一过程称为冷拼的制作。

冷菜的制作，在色、香、味、形、质等诸多方面，较之热菜有所不同。冷菜的制作具有其独立的特点，与热菜的制作有明显的差异。如何才能制成符合冷菜制作需要的原材料，这就要求我们要熟悉并掌握冷菜制作的常用方法。

冷菜制作的烹调技艺主要有：拌、腌、卤、酱、煮、蒸、炝、熏、醉、烤、冻、挂霜等。

冷菜的加工成熟，其意义不完全等同于热菜的加热成熟。它既包含了通过加热调味的手段将原料加工成熟，也包含着直接调味将原料制"熟"，而不通过加热的方式。因此，从这个意义上来讲，冷菜的许多制熟方法是热菜烹调方法的延伸、变革或者是综合运用。

二、冷菜的调味

冷菜的制作除体现在原料的选用上外，更注重的是精细的刀工、色彩的搭配，尤其是调味。

冷菜的调味有加工前调味，如腌、泡、渍等；有加热中调味，如酱、卤、煮等；有加工后调味，如拌、炝、熏等。

冷菜调味要根据冷菜的品种性质，有针对性地选用调味品的口味，有的冷菜适合重口味，有的冷菜适合重色泽，应用中要注意冷菜的不同特点。

三、冷菜调味品制作

1. 咸味汁

以精盐、味精、香油加适量鲜汤调和而成，为白色咸鲜味。适用于鸡肉、虾肉、蔬菜、豆类等，如盐水鸡、盐水虾、盐水毛豆等。

2. 酱油汁

以酱油、味精、香油、鲜汤调和制成，为褐红色咸鲜味。用于拌食或蘸食肉类主料，如酱油鸡、酱油肉等。

3. 虾油汁

用料有虾子、精盐、味精、香油、绍酒、鲜汤。做法是先用香油炸香虾子后再加调料烧沸，为白色咸鲜味。用以拌食荤素菜皆可，如虾油冬笋、虾油鸡片等。

4. 蟹油汁

用料为熟蟹黄、精盐、味精、姜末、绍酒、鲜汤。蟹黄先用植物油炸香后加调料烧沸，为橘红色咸鲜味。多用以拌食荤料，如蟹油鱼片、蟹油鸡脯、蟹油鸭脯等。

5. 蚝油汁

用料为蚝油、精盐、香油，加鲜汤烧沸，为咖啡色咸鲜味。用以拌食荤料，如蚝油鸡、蚝油肉片、蚝油芦笋等。

6. 韭味汁

用料为腌韭菜花、味精、香油、精盐、鲜汤。腌韭菜花用刀剁成蓉，然后加调料鲜汤调和，为绿色咸鲜味。拌食荤素菜肴皆宜，如韭味里脊、韭味鸡丝、韭味口条等。

7. 麻酱汁

用料为芝麻酱、精盐、味精、香油、蒜泥。将麻酱用香油调稀，加精盐、味精调和均匀，为赭色咸香料。拌食荤素原料均可，如麻酱拌豆角、麻汁黄瓜、麻汁海参等。

8. 椒麻汁

用料为生花椒、生葱、精盐、香油、味精、鲜汤。将花椒（泡软）、生葱同制成细蓉，加调料调和均匀，为绿色咸香味。拌食荤食较多，如椒麻鸡片、椒麻里脊等。忌用熟花椒。

9. 葱油汁

用料为生油、葱末、精盐、味精。葱末入油后炸香，即成葱油，再同调料拌匀，为白色咸香味。用以拌食禽、蔬、肉类原料，如葱油鸡、葱油海蜇等。

10. 糟油汁

用料为糟汁、精盐、味精。调匀后为咖啡色，咸香味。用以拌食禽、肉、水产类原料，如糟油鸭、糟油鸡胗等。

11. 姜油

用料为生姜、葱末、精盐、味精。姜末、葱末入油后炸香，即成姜油，再同调料拌匀，为淡黄色咸香味。用以拌食禽、蔬、肉类原料，如姜油母鸡、姜油豆苗等。

12. 花椒油

用于需要突出麻味和香味的食品中，能增强食品的风味。做法：色拉油烧至五六成热，将花椒、八角炒出味，投入生姜、大蒜、葱白炸香，晾凉后打去料渣即成。如椒油鸡、椒油笋片、椒油鱼丁等。

13. 酒醉汁

用料为白酒、精盐、味精、香油、鲜汤。将调料调匀后加入白酒，为白色咸香味，也可加酱油成红色。用以拌食水产品、禽类较宜，如醉青虾、醉鸡脯，以醉生虾最有风味。

14. 芥末糊

用料为芥末粉、香醋、味精、香油、白糖。用芥末粉加香醋、白糖、水调和成糊状，静置半小时后再加调料调和，为淡黄色咸香味。用以拌食荤素均宜，如芥末肚丝、芥末鸡皮、芥末薹菜等。

15. 芥末油

芥末油是黑芥子或者白芥子经榨取而得来的一种调味汁，具有强烈的刺激味。主要辣味成分是芥子油，其辣味强烈，可刺激唾液和胃液的分泌，有开胃的作用，能增强食欲，另外还有解毒、美容养颜等功效。

16. 咖喱汁

用料为咖喱粉、葱、姜、蒜、辣椒、精盐、味精、色拉油。咖喱粉加水调成糊状，用油炸成咖喱浆，加汤调成汁，为黄色咸香味。禽、肉、水产都宜，如咖喱鸡片、咖喱鱼条等。

17. 咖喱油

用料为辣椒末、咖喱粉、姜、蒜、洋葱。将调料下熟菜油烧至四成热，炒制，待炒透喷出香味。禽、肉、水产都可使用，如咖喱鸡片、咖喱鱼条等。

18. 姜味汁

用料为生姜、精盐、味精、香油。生姜榨汁，与调料调和，为白色咸香味。最宜拌食禽类，如姜汁鸡块、姜汁鸡脯等。

19. 蒜泥汁

用料为生蒜瓣、精盐、味精、香油、鲜汤。蒜瓣捣烂成泥，加调料、鲜汤调和，为白色。拌食荤素皆宜，如蒜泥白肉、蒜泥豆角等。

20. 五香汁

用料为五香料、精盐、鲜汤、绍酒。做法为鲜汤中加盐、五香料、绍酒，将原料放入汤中，煮熟后捞出冷食。最适宜于动物内脏类，如五香鸭胗、五香猪肚等。

21. 茶熏味

用料为精盐、味精、香油、茶叶、白糖、木屑等。做法为先将原料放在盐水汁中煮熟，然后在锅内铺上木屑、白糖、茶叶，加箅，将煮熟的原料放箅上，盖上锅用小火熏，使烟剂凝结原料表面。禽、蛋、鱼类皆可熏制，如熏鸡脯、五香鱼等。

22. 酱醋汁

用料为酱油、香醋、胡椒粉、香油。调和后为浅红色，为咸酸味型。用以拌菜或炝菜，荤素皆宜，如炝腰片、炝胗肝等。

23. 酱汁

用料为面酱、白糖、香油、清汤。先将面酱炒香，加入白糖、清汤、香油后再将原料入锅熻透，为赭色咸甜型。用来酱制菜肴，荤素均宜，如酱汁茄子、酱汁肉等。

24. 糖醋汁

以白糖、香醋为原料，调和成汁后，拌入主料中，用于拌制蔬菜，如糖醋萝卜、糖醋番茄等。也可以先将主料炸或煮熟后，再加入糖醋汁，成为滚糖醋汁。多用于荤料，如：糖醋排骨、糖醋鱼片。还可将糖、醋调和入锅，加水烧开，晾凉后再加入主料浸泡数小时后食用，多用于泡制蔬菜的叶、根、茎、果，如泡青椒、泡黄瓜、泡萝卜、泡姜芽等。

25. 山楂汁

用料为山楂糕、白糖、白醋、桂花酱。将山楂糕打烂成泥后加入调料调和成汁即可。多用于拌制蔬菜果类，如楂汁马蹄、楂味鲜菱、珊瑚藕等。

26. 柠檬汁

用料为新鲜柠檬、白糖、桂花酱。做法是新鲜柠檬经榨挤后得到汁液，加入白糖、桂花酱拌匀，酸味较浓，伴有淡淡的苦涩和清香味道。

如柠檬瓜条、柠檬水果等。

27. 茄味汁

用料为番茄酱、白糖、香醋，做法是将番茄酱用油炒透后加白糖、香醋、水调和。多用于荤菜，如茄汁鱼条、茄汁大虾、茄汁里脊、茄汁鸡片等。

28. 红油汁

用红辣椒油、精盐、味精、鲜汤调和成汁，为红色咸辣味。用以拌食荤素原料，如红油鸡条、红油鸡、红油笋条、红油里脊等。

29. 青椒汁

用料为青辣椒、精盐、味精、香油、鲜汤。将青椒切剁成蓉，加调料调和成汁，为绿色咸辣味。多用于拌食荤食原料，如椒味里脊、椒味鸡脯、椒味鱼条等。

30. 胡椒汁

用料为胡椒粉、精盐、味精、香油、蒜泥、鲜汤，调和成汁后，多用于炝、拌肉类和水产原料，如拌鱼丝、鲜辣鱿鱼等。

31. 鲜辣汁

用料为白糖、香醋、辣椒、精盐、味精、香油、葱、姜。将辣椒、姜、葱切丝炒透，加调料、鲜汤成汁，为咖啡色酸辣味。多用于炝腌蔬菜，如酸辣白菜、酸辣黄瓜等。

32. 姜醋汁

用料为香醋、生姜。将生姜切成末或丝，加醋调和，为咖啡色酸香味。适宜于拌食鱼虾，如姜末虾、姜末蟹、姜汁肴肉等。

33. 三味汁

将蒜泥汁、姜味汁、青椒汁三味调和而成，为绿色。用以拌食荤素皆宜，如炝菜心、拌肚仁、三味鸡等，风味独特。

34. 麻辣汁

用料为酱油、香醋、白糖、精盐、味精、辣油、香油、花椒面、芝麻粉、葱、蒜、姜，将以上原料调和后即可。用以拌食主料，荤素皆宜，如麻辣鸡条、麻辣黄瓜、麻辣肚丝、麻辣腰片等。

35. 五香味

用料为丁香、花椒、桂皮、陈皮、八角、生姜、葱、酱油、精盐、绍酒、鲜汤，将以上调料加汤煮沸，再将主料加入煮浸到烂。用于煮制荤原料，如五香牛肉、五香扒鸡、五香口条等，有时候说是五香实际上香料种类比较多。

36. 糖油汁

用料为白糖、香油。调后拌食蔬菜，为白色甜香味，如糖油黄瓜、糖油莴苣等。

37. 腐乳汁

用料为腐乳、香油、鲜汤。将用料调和均匀，用以拌食，荤素皆可，如腐乳虾、腐乳莴苣等。

思考题 --

1. 什么是冷菜、冷拼的制作？

2. 制作冷菜调味品有哪些口味？

任务 **3**

冷菜装盘技艺

🍄 任务要求

1. 掌握冷菜、冷拼的概念及其在筵席中的作用；

2. 掌握冷菜、冷拼在具体实际中的应用。

🕐 知识准备

冷菜、冷拼的拼摆手法较多。一般来讲，原料准备好后，首先要根据要求，对原料进行修整，然后刀工处理后进行拼摆，使其图案生动、造型美观、形象逼真。对原料采用的修整手法有直刀法、平刀法、斜刀法等，有时还需特殊刀法和雕刻手段，如批、刻、戳、挑、挖、花纹刀、波浪刀，甚至还要使用一些模具，如鸡心形、蝴蝶形等。整个过程程序较多，特别是在花色拼盘的制作中，要注意各个环节的连续性。

冷菜的拼摆方法从形式上来看有单盘、双拼盘、三拼盘、四拼盘、什锦拼盘等，形式有排列式、堆放式、环围式、码摆式等。

一、冷菜的装盘技艺

1. 排

排是将熟料平排成行地排在盘中。排菜的原料大多用较厚的块状或腰圆块、椭圆形，便于切配形状。排可有各种不同的排法，如：将火腿修成锯齿形切片，逐层排叠可以排出多种花色。

2. 堆

堆就是把熟料堆放在盘中。一般用于单盘。堆也可配色成花纹，有些还能堆成很好看的宝塔形。

3. 叠

叠是把加工好的熟料一片片整齐地叠起来，一般叠成梯形，然后托起放入盘中的底料上。

4. 围

围是将切好的熟料排列成环形层层围绕。用围的方法可以制成很多的花样。有的在排好主料的四周围上一层辅料来衬托主料，叫做围边。有的将主料围成花朵，中间另用辅料点缀成花心，叫做排围。

5. 摆

摆是运用各式各样的刀法，采用不同形状和色彩的熟料，装成各种物形或图案等。这种方法需要有熟练的技术，才能摆出生动活泼、形象逼真的形状来。

6. 覆

覆是将熟料先排列在碗中或刀面上，再翻扣入盘中或菜面上。

二、花色拼盘的拼摆手法

花色拼盘的拼摆手法是花色拼盘造型生动的关键所在。花色拼盘的拼摆手法是否合理得当，直接影响到花色拼盘的造型。因此，要了解花色拼盘的各种拼摆手法，以便在制作中灵活运用。

1. 排拼法

排拼法是花色拼盘制作中最常用的手法，就是将经过刀工处理成型的原料整齐有规律地拼摆在盘中，讲究排列有序、比例协调，方式有锯齿形、圆形等，如蝴蝶、宫灯等花色拼盘。

2. 堆制法

堆制法是把加工成型或不规则形状的较小的原料，按花色拼盘图案的要求，码放在盘中，是一种较为简单的拼摆手法，一般花色拼盘的垫底多用此法。堆制法可采用一种原料，也可采用多种原料，一般形状有馒头形、宝塔形、卧式形、山川形等。

3. 叠砌法

叠砌法就是将刀工成型的原料，一片片有规则地码起来，形成一定图案，多用于鸟类的翅尾制作，一般选用片形原料，随切随砌，是一种比较精细的拼摆手法，刀工成型整齐美观，制作时，随切随叠，完成后用刀铲起原料，盖在垫底的原料上，也可切片在盘中叠砌成型。如桥形、馒头形、什锦拼盘等。

4. 摆贴法

摆贴法就是运用巧妙的刀法，把原料切成特殊形状，按构思要求，摆贴成各种图案，如禽鸟、人物、树叶、鱼鳞等，是一种难度较大的艺术操作手法，需要具备熟练的拼摆技巧和一定的艺术修养。

5. 雕刻法

雕刻法就是运用雕刻的手法对原料进行成型处理后，组拼在盘中的图案上，如鸟的眼睛、嘴、爪及动物类、动画类人物的一些部位，在孔雀开屏、龙凤呈祥等图案中应用较多。要求制作者雕刻的技术精细、熟练，雕刻出的形态生动、结构比例准确。

6. 模具法

模具法可分为模压法和模铸法。模压法就是运用各种空心模具，将原料压成一定形状，再按花色拼盘图案的要求进行切摆，形状统一、美观，如孔雀的羽尾、禽鸟的羽毛等。模铸法就是将制作好的冻液，浇在一定形状的空心模具中，使其成为一定的图案，然后将成型的图案摆放在盘中，如拼摆的蓝天、海面等。

7. 卷制法

卷制法是将原料改成薄片或使用薄片的原料，包馅或不包馅进行卷制，然后经过刀工处理后进行拼摆成型的手法，如白菜卷、紫菜蛋卷等，一般来说，卷制法色彩鲜艳，摆制的造型美观。

8. 裱绘法

裱绘法是指将裱花蛋糕的技法应用于花色拼盘制作中，是将一定色彩、味型的胶体原料，装入特殊的裱绘工具中，在盘中或主题图案上挤裱绘制一定的图案或文字，起到衬托美化作用。

三、冷拼拼摆注意事项

1. 要注意颜色的配合和映衬

各种颜色要搭配合理，相近的颜色要间隔开。

2. 硬面和软面要很好地结合

各种不同质地的原料要相互配合，软硬搭配，能定形的原料要整齐地摆在表面，碎小的原料可以垫底。

3. 拼摆的花样和形式要富于变化

要注意多样化，一桌酒席中的冷拼不能千篇一律，要多种多样。

4. 要用心地选择盛器

要注意盛装器皿的选择，使原料与器皿协调。

5. 要注意口味上的搭配

要防止带汤汁的不同口味的原料互相串味，一盘冷拼要尽量多种口味。此外拼摆冷拼时还要特别注意卫生。

6. 要注意季节的变化

夏季要清淡爽口，冬季可浓厚味醇。

思考题 ---

1. 冷菜的装盘技法有哪些？

2. 冷拼的拼摆技艺有哪些？要注意什么？

项目二
冷菜制作技艺与综合实训

项目导学

通过项目内容的学习，使学生了解冷菜制作技艺的基本概念、冷菜制作的过程、操作关键和特点，通过范例，达到举一反三的目的，从而学会各种冷菜的制作。

项目目标

认知目标：

通过本课程的学习，掌握冷菜制作的相关知识，通过这些知识全面了解冷菜在实际应用中的重要性。

技能目标：

通过冷菜基础理论的学习，要求掌握具体冷菜制作的要求，学会冷菜的制作方法和技巧，为全面掌握各种冷菜的设计和制作技能打下基础。

情感目标：

加强学生职业素养的培养，提升同学之间相互团结协作、沟通协调能力，提高学生的学习兴趣，并同其他学生共同完成学习任务。

项目重点难点

重点：

❶ 冷菜制作各种技艺的概念与应用。

❷ 冷菜的制作方法。

❸ 冷菜的操作特点手法。

难点：

❶ 冷菜制作设计与构思。

❷ 冷菜制作手法和操作关键。

拌

任务描述

了解拌的烹调方法，拌的分类——生拌、熟拌、混合拌的异同点；明确其各自概念，熟悉其特点，掌握其基本要求和方法、要领及关键，通过示范教学和实习训练，达到举一反三的目的。

任务目标

掌握拌的制作方法和要求。

任务实施

拌是指把生料或熟料加工成丝、条、片、块等较小形状，用调味品调味拌均匀后直接装盘食用的一类烹调方法。按原料的生熟程度可分为生拌、熟拌、混合拌等，成品清爽脆嫩。

拌是一种常用烹调方法，其口味变化很多，如甜酸味、酸辣味、芥末味、椒麻味、怪味、麻酱味、麻辣味等。一般以植物性原料作生拌，以动物性原料作熟拌。

拌菜在冷菜制作中较为常见，拌法因而成为冷菜材料制作的最基本方法之一。由于拌制菜品"成熟"方法比较简单，因而对原料加工形状有一定的要求。通常情况下，拌菜是以丝、条、片、小块等形态出现。在调味上，追求的是清淡、爽口，故调味中往往以无色调味料居多，较少使用有色调味料，特别是深色调味料。由于拌菜所需的成品质感要求脆嫩，因此在选料时通常是新鲜脆嫩的植物性原料，如黄瓜、莴苣等。

拌菜的操作过程极为简单，通常是直接将调味料投入原料中，经过一小段时间后食用，以便于入味。有时拌菜中还会出现多种原料，此时应尽量保持各种原料的料形一致，尽可能使原料的色彩搭配和谐、美观大方。常见的拌菜品种有：拌黄瓜、拌双笋等。

一、生拌

1. 生拌的概念

生拌一般是指选用新鲜嫩度好的动植物作为原料，在原料加工好后不进行加热，直接用调味料拌均匀的一种方法。

2. 生拌的操作关键

（1）选用原料要新鲜、脆嫩；

（2）加工精细、刀工均匀；

（3）调味准确、拌制均匀。

二、熟拌

1. 熟拌的概念

熟拌是将加工整理原料用煮、余等烹调方法，把原料烹制成熟，切配后加入调味品及辅料，拌制均匀，装盘成菜的一种凉菜的制作方法。

2. 熟拌的操作关键

（1）选用原料要新鲜；

（2）加工成熟度要恰到好处；

（3）调味要准确，注意质的配合；

（4）注意形状的配合，拌制均匀。

--------- 实例示范 ---------

一、生拌黄瓜卷

1. 原料

主料：新鲜黄瓜400克

调料：精盐4克、味精2克、米醋8克、蒜末10克、白糖3克、香油3克

2. 初加工

将鲜黄瓜去头、蒂，洗涤后，再用凉开水冲洗干净。

3. 切配

将黄瓜沥净水分，切成拉刀片。

4. 烹调

将黄瓜片放入盆内，加入精盐、味精、蒜末、白糖、米醋、香油调味料，拌匀。

5. 装盘（点缀）

取长方形白盘一只，将拌好的黄瓜片卷起成卷状，摆入盘内，装饰

成型。

6. 操作关键

（1）黄瓜切片一定要长短、厚薄均匀一致；

（2）腌制黄瓜时间不可过长（一般1分钟）；

（3）调味时，在咸鲜的基础上突出蒜泥和醋香风味。

——— 制作图解 ———

1 准备原料

2 黄瓜切成拉刀片

3 放入盆内，加入食盐、味精、蒜末、白糖、米醋、香油等调味料

4 拌匀

5 拌好的黄瓜片卷起成卷状

6 卷卷成形

7 摆入盘内，装饰成形

——— 成品特点 ———

🌲 清爽脆嫩

🌲 蒜香可口

🌲 夏令佳肴

二、熟拌鸡丝

1. 原料

主料：鲜光鸡1只（1000克）

配料：青红椒50克

调料：精盐3克、味精2克、胡椒粉30克、料酒20克、米醋15克、香油10克、鲜汤20克、大葱30克、生姜30克、蒜20克

2. 初加工

（1）葱、姜、蒜去皮洗净，一半葱、姜加工成段、片；

（2）将光鸡洗净，放入清水锅中，加入葱段、姜片、料酒煮熟后捞出。

3. 切配

（1）煮熟的仔鸡捞出，去骨后，撕成鸡丝；

（2）青红椒切成细丝，另一半大葱、生姜、蒜也分别切成细丝。

4. 烹调

将鸡丝放入盛器中，再放入青红椒丝，葱、姜、蒜丝，加入调料，拌制均匀一致。

5. 装盘点缀

将鸡丝分装两个小碗，放在长方形盘上，点缀即可。

6. 操作关键

（1）鸡肉煮制时不可煮过头，手撕鸡丝要均匀；

（2）拌制时要拌制均匀。

———— 制作图解 ————

1 准备原料、调料　　　　2 仔鸡放入汤锅中，加入葱段、姜片、料酒、食盐煮约10分钟

3　煮熟的仔鸡捞出

4　仔鸡去骨，撕成鸡丝

5　青红椒、大葱、大蒜、生姜分别切丝

6　鸡丝加入辅料，加入胡椒粉、食盐、味精、米醋、麻油等调料，拌匀

7　装盘

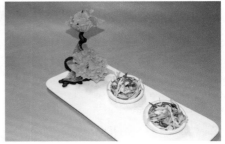

8　装饰即可

—成品特点—

🌱 辛香冲鼻　　　🌱 风味独特　　　🌱 刺激食欲

思考题

1. 什么是生拌？关键要点有哪些？

2. 黄瓜改形后，为何要腌制？

3. 什么是熟拌？有什么特点？

4. 熟拌适合哪些原料？

5. 熟鸡脯丝不用刀切，而用手撕，是为什么？

任务 2

腌

🍄 任务描述

了解腌制的烹调方法，腌制的分类——盐腌、醉腌、糟腌、糖醋腌的异同点。明确其各自概念，熟悉其特点，掌握腌制时正确选择原料的基本要求和方法，掌握腌制的具体制作方法、要领及关键，通过示范教学和实习训练，达到举一反三的目的。

🍚 任务目标

掌握精盐腌、醉腌、糟腌、糖醋腌的具体方法和技术要求。

🔥 任务实施

腌是将原料置于某种调味汁中，利用精盐、糖、醋、酒等溶液的渗透作用，使其入味的一类烹调方法。成品脆嫩清爽，风味独特。按调味汁不同分为盐腌、醉腌、糟腌、糖醋腌等。腌是通过渗透使原料入味，而渗透需要一定的时间，因此，腌制的时间要视原料及成品菜肴不同的要求和特点而掌握。

在腌制过程中，主要调味品是盐。腌制菜品的植物性原料一般具有口感爽脆的特点，动物性原料则具有质地坚韧、香味浓郁的特点。腌制的原料一般适用范围较广，大多数的动、植物性原料均适宜于此法成菜。

在实际操作过程中，要根据具体口味要求选用腌制的方法。这里之所以未将其他教材中出现的腌风、腌腊等纳入分类法中，是因为腌风和腌腊仅是一种初加工的方法，而不是冷拼材料的成熟方法。经过腌风和腌腊的原料尚须经过蒸或煮后方可成菜，故不作为一种分类形式，至于腌拌，其内涵仍是盐腌。

一、盐腌

1. 盐腌的概念

盐腌是将盐放入原料中翻拌或涂擦于原料表面的一种方法。这种方法是腌制的最基本方法，也是其他腌法的一个必经工序。

此法操作简单易行，操作中注意原料必须是新鲜的，且用盐量要准确。经过盐腌的原料，水分溢出，盐分渗入，可以保持原料清鲜脆嫩的口感。如酸辣黄瓜、辣白菜、姜汁莴苣等。

2. 盐腌的操作关键

（1）选用的原料要新鲜；

（2）可进行刀工处理，也可整只；

（3）调味准确、腌制均匀。

二、醉腌

1. 醉腌的概念

醉腌是以酒和盐为主要调味料，调制好卤汁，将原料投入到卤汁中，经浸泡腌制成菜的方法。

用于醉腌的原料一般都是动物性原料，通常是禽类和水产类居多。如果是水产品，则通过酒醉致死，不需加热，经过一段时间后即可食用；若是禽类原料，则通常要煮至刚熟，然后置于卤汁中浸泡，经过一段时间后便可食用。醉腌制品按调味品的不同可分为红醉（有色调味品，如酱油、红酒、腐乳等）与白醉（无色调味品、如白酒，盐等）。浸卤中成味调味料的用量应略重一些，以保证成品菜肴的口味，浸泡必须经过一段较长时间后方可食用，否则不能入味。常见的品种，如醉蟹、醉鸡、醉虾等。

2. 醉腌的操作关键

（1）原料一般选用动物性原料；

（2）腌制时间较长，掌握好腌制时间；

（3）调味准确、腌制均匀。

三、糟腌

1. 糟腌的概念

糟腌是以盐及糟卤作为主要调味卤汁腌制成菜的一种方法。糟腌之法类同于醉腌，不同之处在于醉腌用酒（或酒酿），而糟腌则用糟卤（也称香糟卤）。冷菜中的糟制菜品，一般多在夏季食用，此类菜品清爽芳香，如糟凤爪、糟卤毛豆等。

2. 糟腌的操作关键

（1）选用原料要新鲜；

（2）可进行刀工处理，也可整只；

（3）调味准确、腌制均匀。

麻花莴苣

1. 原料

主料：莴苣500克

调料：精盐4克、味精2克、米醋8克、白糖3克、香油3克、葱10克、蒜10克、姜10克、红椒10克

2. 初加工

将莴苣去皮，洗净；葱、姜、蒜、红椒洗净。

3. 切配

（1）将莴苣截成5厘米长的段，然后切厚片，用刀尖在莴苣片上切四刀，两头相连；

（2）葱、姜、蒜、红椒切丝。

4. 烹调

（1）将切好的莴苣片放入盆内，加入精盐腌5~10分钟；

（2）腌好的莴苣片放入葱、蒜、姜、红椒丝、味精、白糖、米醋、香油拌匀后，腌渍1小时。

5. 装盘点缀

取长方形平盘一只，将腌好的莴苣片由外向内翻转成麻花状，整齐地码放盘中，点缀即可。

6. 操作关键

（1）刀工要均匀；

（2）调味要准确，并掌握好色泽；

（3）掌握好腌渍的时间。

制作图解

1 准备原料

2 莴苣去皮，截成5厘米的段

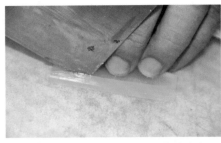

3 莴苣切薄片，用刀尖在莴苣片上切四刀，两头相连

4 切好的莴苣片放入盆内

5 加入食盐腌5~10分钟

6 腌好的莴苣片放入葱丝、蒜片、姜片、红椒丝、味精、白糖、香油

7 拌匀后，静置入味

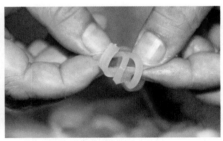

8 腌好的莴苣片由外向内翻转

9 翻转成麻花形

10 莴苣片整齐地摆入盘中

11 装饰成形

—成品特点—

🍄 盘式装点美观　　🍄 色泽碧绿　　🍄 口感爽脆

思考题 --

1. 什么是腌制？关键是什么？

2. 莴苣是否还可以切成其他形状？请举例说明。

3. 通过此菜你还会制作哪些菜？

3 任务

酱

任务描述

　　了解酱制的烹调方法，明确酱制的概念，熟悉其特点，掌握酱的工艺流程及加工烹调，制作方法、要领及关键，通过示范教学和实习训练，达到举一反三的目的。

任务目标

　　掌握酱制的工艺流程和操作关键及要求，并能准确熟练地操作。

任务实施

1. 酱的概念

　　酱是指将加工整理过的原料，再经过腌制后焯水、过凉放入酱汁锅中，用大火烧沸，中小火较长时间加热酱制入味成熟，旺火收汁的一种热制冷吃的烹调方法。多选用家禽、家畜及其四肢、内脏作为原料。

　　酱有两种：一种是把食物放在酱油中浸成，如酱蚶（包括白煮成或熟后酱成）；另一种是先用盐擦，腌一定时间后洗干净，用卤烧成，烧稠至紫酱色，卤包粘在食物上面，色泽光亮，吃口咸中带甜，如酱鸭、酱肉等。

2. 酱的操作关键

　　（1）选用韧性较大的动物性原料，原料要先通过腌制入味，焯水处理；

　　（2）兑制酱汁时调味料要足，汁的量不宜过多，以保持酱汁的色泽及浓度；

　　（3）正确掌握好火候。

3. 酱的特点

　　色泽棕红明亮，口感软糯，味厚馥郁，原汁原味（适宜批量制作）。

酱牛肉

1. 原料

主料：生牛肉2500克

配料：酱油100克、精盐30克、绵白糖100克、料酒100克、八角5克、山楂片3克、小茴香3克、砂仁5克、桂皮2克、丁香2克、陈皮2克、肉蔻2克、花椒4克、葱30克、姜30克

辅助料：红曲米汁50克、老酱汤2000克

2. 初加工

牛肉洗涤干净；葱、姜去皮洗净；各种香料用纱布包扎成香料袋。

3. 切配

（1）葱打结，姜切片；

（2）将牛肉用刀切成250克左右的块，然后用竹扦在肉上戳一排洞，撒上精盐25克、料酒50克，反复揉搓至精盐粒溶化，然后放入缸内（冬季腌3~5小时，夏季腌1小时），使肉红、肉质紧密。

4. 烹调

（1）锅置旺火上，加清水烧沸，投入肉块，上下翻动几次，水再沸时，捞出洗净，原汤撇去浮沫、滤出沉渣留用。

（2）锅复置火上，放入老酱汤、牛肉块和原汤（汤量以淹没肉块为好），加入香料袋、葱结、姜片、料酒、红曲米汁、绵白糖、酱油、精盐，用旺火烧沸后改用小火，酱至筷子能戳进牛肉时，离火浸焖，待汤汁浓稠全部裹在牛肉块上时盛出，晾凉后按肌肉纤维横向切片装盘。

5. 装盘点缀

取长方形平盘一只，将成品牛肉切成2厘米大小均匀、形状一致的方形块，码放在盘中适当点缀即可。

6. 操作关键

（1）要选择瘦牛肉（或牛腱子），烹调前必须腌渍入味；

（2）要掌握好烹调过程中原料的成熟度；

（3）注意此菜的火候及加热时间。

1　准备原料

2　牛肉洗净，漂去血水，放入葱段、姜片、料酒、花椒、食盐等调料拌匀，腌制入味

3　将白芷、八角、花椒、香叶、陈皮、桂皮、丁香等香料装入料包

4　腌好的牛肉焯水

5　汤锅放入料包，加入老抽、料酒、白糖

6　放入牛肉煮30分钟，焖约3~4小时

7　酱好的牛肉捞出

8　牛肉切成厚片

9 牛肉切成2厘米见方的块

10 切好的牛肉叠放成形

11 摆入盘内，装饰成形

— 成品特点 —

🍄 色泽红润　　🍄 鲜咸醇香

思考题

1. 什么是酱？有什么特点？

2. 酱牛肉选用牛的哪个部位最好？

3. 此菜酱制前为何要腌制？请写出腌制的详细过程及注意事项。

4. 详细说明此菜制作的关键、特点各是哪些？

卤

任务描述

了解卤制的烹调方法，明确卤制的概念，熟悉其特点，掌握正确选择原料的重要意义、基本要求和方法，掌握卤的工艺流程及加工烹调，制作方法、要领及关键，通过示范教学和实习训练，达到举一反三的目的。

任务目标

掌握卤制的工艺流程和操作关键及要求，并能准确熟练地操作。

任务实施

1. 卤的概念

卤是指将经过加工处理后的原料放入特制的味汁中加热至熟并且具有良好香味和色泽的一种烹调方法。

卤法是制作冷菜的常用方法之一。加热时，将原料投入卤汤（最好是老卤）锅中用大火烧开，改用小火加热至调味汁渗入原料，使原料成熟或至酥烂时离火，将原料提离汤锅。卤制完毕的材料，冷却后宜在其外表涂上一层油，一来可增香；二来可防止原料外表因风干而收缩变色。遇到材料质地较老的，也可在汤锅离火后仍旧将原料浸在汤中，随用随取，既可以增加（保持）酥烂程度，又可以进一步入味。

首先是调制卤汤。卤制菜肴的色、香、味完全取决于汤卤。行业中习惯上将汤卤分为两类，即红卤和白卤（也称清卤）。由于地域的差别，各地方调制卤汤时的用料不尽相同。大体上常用的调制红卤的原料有：红酱油、红曲米、料酒、葱、姜、冰糖（白糖）、盐、味精、八角、小茴香、桂皮、草果、花椒、丁香等；制作白卤水常用的原料有：盐、味精、葱、姜、料酒、桂皮、八角、花椒等加水熬成，俗称"盐卤水"。无论红卤，还是白卤，尽管其调制时调味料的用量因地而异，但有一点是共同的，即在投入所需卤制品时，应先将卤汤熬制一定的时间，然后再下料。

其次在原料入汤卤前，应先除去腥臊异味及杂质。动物性原料一般都带有血腥味，因此卤制前，通常要经过焯水或炸制，一来使原料的异味去除，二来也可使原料上色。

再次，把握好卤制品的成熟度，卤制品的成熟度要恰到好处。卤锅卤制菜品时通常是大批量进行，一桶卤水往往要同时卤制几种原料。不同的原料之间的特性差异很大，即使是同种原料，其个体差异也是存在的，这就给操作带来了一定的难度。因此，在操作的过程中，首先要分清原料的质地。质老的置于锅（桶）底层，质嫩的置于上层，以便取料；二是要掌握好各种原料的成熟要求。根据成品要求，灵活恰当地选用火候。习惯上认为，卤制菜品时，先用大火烧开再用小火慢煮，使卤汁之香味慢慢渗入原料，从而使原料具有良好的香味。

老卤的保质也是卤制菜品成功的一个关键。所谓老卤，就是经过长期使用而积存的汤卤。这种汤卤，由于卤制过多种原料，并经过了很长时间的加热和摆放，所以其质量相当高。原料在加工过程中，呈鲜味物质及一些风味物质溶解于汤中且越聚越多而形成了复合美味。使用这种老卤制作原料，会使原料的营养和风味有所增加，因而对于老卤的保存也就具有了必要性。通常认为对老卤的保存应当做到以下几个方面：定期清理，勿使老卤聚集残渣而形成沉淀；定期添加香料和调味料，使老卤的味道保持浓郁；取用老卤要用专门的工具，防止在存放过程中使老卤遭受污染而影响保存；使用后的卤水要烧沸，从而相对延长老卤的保存时间；要选择合适的盛器盛放老卤。

2. 卤的操作关键

（1）卤制原料不宜过大，一般以动物性原料为主；

（2）卤制时应以小火加热；

（3）原料卤制前可先腌制入味；

（4）动物性原料卤制前，应焯水或过油再卤制；

（5）卤制时，易熟的原料或体积小的原料，容易成熟，可先捞出再继续卤制其他原料；

（6）卤汁应保持干净卫生。

3. 卤的特点

色泽美观，鲜香醇厚。

卤烧鸡

1. 原料

主料：光鸡1只（约1250克）

调料：桂皮10克、白糖15克、陈皮10克、八角10克、辛夷2克、小茴香2克、精盐150克、姜20克、肉蔻3克、山楂片3克、砂仁2克、丁香3克、白芷5克、草果3克、花椒5克、老抽10克

辅助料：饴糖200克、色拉油1500克（实耗50克）

2. 初加工

光鸡洗净，在靠肩的颈部直开一小口，取出嗉囊，开膛去内脏，用水内外冲洗干净。

3. 切配

先用刀背敲断大腿骨，从肛门上边开口处把两只腿交叉插入鸡腹内；再将右翅膀从宰杀的刀口处穿入，使翅膀尖从鸡嘴露出；鸡头弯回别在鸡膀下边，左膀向里别在背上，与右膀成一直线；最后将鸡腹内两只鸡爪撑开，顶住鸡腹。

4. 烹调

（1）将别好的鸡挂在阴凉处，晾干水分，用毛刷蘸饴糖水涂抹鸡身，涂匀后再次晾干；

（2）锅内倒油，待油温升至七成热时，将鸡放入大油锅中炸成金黄色时捞出；

（3）大锅内放足水，把所有香料装入一只纱布袋中，扎紧袋口，放入锅中，将水烧开，煮约20分钟，然后加入精盐、白糖、老抽；

（4）将炸好的鸡放入锅内，用旺火烧开，撇去浮沫，稍煮5分钟，将锅中鸡上下翻动一次，盖上锅盖，改用文火煮60分钟，以肉烂骨脱为止。

注意：煮鸡的卤汁应妥善收存，以后再用，老卤越用越香。香料袋在鸡煮熟后捞出，下次再煮鸡时再放入，一般可用2~3次。

5. 装盘、装饰点缀

卤好的烧鸡用刀改成块状，在盘内拼摆成鸡形，四周用香菜装饰点缀，形状美观，自然大方。

6. 操作关键

（1）鸡皮要晾干，饴糖要涂匀；

（2）炸鸡的油温要始终保持在七成热，油温低，鸡不变色，油温过高，则发黑；

（3）卤汤一次加入的水量以没过鸡为宜，中间不能再加水；

（4）香料要煮出香味再下入鸡；

（5）鸡要煮到酥烂。

─── 制作图解 ───

1 准备原料

2 准备香料

3 将饴糖水均匀地搓在鸡身上

4 搓好的鸡放入七成热的油锅内炸至上色

5 复炸成金黄色

6 各种香料放入料包内

7 将香料包、炸好的鸡，一起放入卤汤锅内，卤制约10分钟，焖约2小时

8 卤好的烧鸡捞出

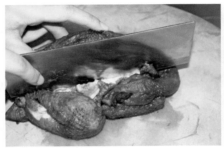

⑨ 烧鸡分割

⑩ 鸡脯切条

⑪ 肉皮朝下放入碗内

⑫ 放入盘内装饰成形

—成品特点—

🌿 外观油润发亮　　🌿 肉质雪白　　🌿 味道鲜美

🌿 香气浓郁　　🌿 肉烂骨脱　　🌿 肥而不腻

思考题

1. 什么是卤？卤汁如何调制？

2. 卤的特点和具体要求有哪些？

3. 请写出卤烧鸡制作的全过程。

4. 此菜制作容易出现错误的地方在哪？如何纠正？

5. 通过此菜你还会做哪些卤菜？

任务 5

熏

任务描述

　　了解熏的烹调方法。明确熏的概念、特点，掌握正确选料的基本要求和方法，掌握熏的工艺流程及加工烹调、制作方法、要领及关键，通过示范教学和实习训练，达到举一反三的目的。

任务目标

　　掌握熏的方法、工艺流程、操作关键及要求，并能较好地运用操作。

任务实施

　　熏就是将经过腌制加工的原料经蒸、煮、卤、炸等方法加热预熟（或直接将腌制入味的生料）置于有锅巴、茶叶、木屑、糖等熏料的熏锅中，加盖密封，利用熏料烤炙散发出的烟香和热气熏制成熟及增加风味的方法。熏制菜品以其烟香味独特而受到人们的青睐，常见的品种有：生熏白鱼、毛峰熏鲈鱼、烟熏猪脑等。制品红亮光润，香气独特。熏有生熏、熟熏之分，生熏一般使用鲜嫩易熟的原料，如鱼、鸡、鲜笋等。熏料的配制常用茶叶、木屑、红糖、甘蔗皮、稻皮、面粉等。

　　熏制时锅盖一定要严密不透气，熏料的量要适当，根据所用原料严格控制好火候及熏制时间，烧至冒青烟时要及时转入小火并迅速离开火源，否则色泽过重，会使主料带有煳味。生熏的火候应小于熟熏，时间要比熟熏略长些。熏制的时间一般从冒烟开始熏10分钟即可。将主料取出及时刷匀香油即成，具有香味特殊、色泽光亮的特点。

　　熏制菜的原料多用动物性及海味品为主，如猪肉、鸡、鸭、鱼及蛋类等。极少数的植物性原料也可用于此法。熏制的原料一般都是整只或整块、整条的，熏制前一般要经过水烫卤制或加味煮制、腌味蒸制等方法处理。熏制时，需用熏锅。在熏锅内撒匀适量红（白）糖、茶叶、锅巴等置于慢火上，在熏料上置熏架，排上需熏原料，加盖。待烟弥漫于锅内约5分钟后，将熏制的原料翻身，再熏制约3分钟左右后，将锅离火，至锅底冷却即成。原料应保持在高温下熏制，原料在温度降低或冷却时熏制则不易上色，烟香味也不易渗入原料；若多料熏制时，摆放原料要有间隔距离，不宜过紧，不宜重叠，以使原料受熏均匀，上色一致，并且在熏制时保持恒温和密封，从而使烟香缓慢走失；另外，原料熏制成熟后，应在其外表涂抹一层油，能增其香味，同时会使原料油润光亮。

一、生熏

1. 生熏的基本概念

生熏是指熏制前，制品仅是经过腌制入味的生料，熏后直接食用或熏后再经热处理制成菜品的一种烹制方法。

2. 生熏的操作关键

（1）一般使用鲜嫩易熟的原料，如鱼、鸡、鲜笋等；

（2）要选用好熏料，熏制成熟；

（3）熏好后，表面要涂抹一层油。

3. 生熏的特点

香味浓郁、油润光亮。

二、熟熏

1. 熟熏的基本概念

熟熏是指选用经过蒸、煮、炸等方法处理的半成品原料，多选用家畜的某些部位，整只家禽，以及蛋品、油炸过的鱼等。

2. 熟熏的操作关键

（1）原料要加工成熟；

（2）要选用好熏料，熏制时间不宜长；

（3）熏好后，表面要涂抹一层油。

3. 熏的特点

色泽美观，鲜香醇厚。

实例示范

一、生熏草鱼

1. 原料

主料：新鲜草鱼1条（约750克）

调料：葱100克、姜50克、料酒40克、精盐15克、花椒2克、丁香5

粒、香油25克

辅助料：茶叶150克、白糖100克、松木屑800克、大白菜叶3片

2. 初加工

草鱼刮鳞、去鳃，除净内脏洗净；葱、姜去皮洗净。

3. 切配

葱姜各50克切丝，剩余葱切段；将草鱼去头、尾、脊骨；将鱼肉改成瓦块状，放入容器中，加入葱丝、姜丝、料酒、精盐、花椒、丁香等调料，腌渍约30分钟。

4. 烹调

取铁锅一只，锅内依次铺撒均匀放入白糖100克、茶叶150克、松木屑800克，再洒上一点清水，上面放一圆形铁丝篦子，在篦子上面铺上白菜叶，再均匀地铺上葱段，然后把腌渍好的鱼肉平铺在葱段上，鱼皮朝下，将锅盖严上小火；烧至起烟约15分钟后离火，待5分钟后揭开锅盖，取出鱼块，放入盘内，刷上香油即成。

5. 装盘点缀

取长方形平盘一只，将成品整齐地码放在盘中，适当点缀即可。

6. 操作关键

掌握好各种熏料的用量和熏制时间。

———— 制作图解 ————

1 准备原料

2 草鱼从中间片开

3 将鱼切成瓦块状

4 鱼块放入盆内，加入花椒、八角、葱段、姜片、料酒

5 拌匀静置入味

6 锅内放水，加入茶叶，撒上白糖、松木屑

7 加热至出烟

8 放上蒸箅，摆上白菜叶

9 将鱼块均匀地摆入锅内

10 盖上锅盖熏制上色入味即可

11 摆入盘内装饰成形

— 成品特点 —

🍃 色泽黄亮　　🍃 鱼肉鲜嫩

🍃 烟香浓郁　　🍃 夏秋时令佳肴

二、熟熏猪耳

1. 原料

主料：生猪耳1只（约500克）

调料：红糖100克、茶叶25克

2. 初加工

将猪耳用温水刷洗干净、放卤锅中卤制成熟取出。

3. 烹调

取有盖铁锅，刷净擦干水，然后将红糖均匀地撒在锅底，再撒上茶叶，放上铁箅子；将猪耳摆放在上边，加锅盖上小火，使熏料在锅内生烟；熏5分钟左右离火，稍候片刻，打开锅盖，取出猪耳。

4. 装盘点缀

取长方形平盘一只，将猪耳切成条状，再切成菱形，摆入盘内装饰成形。

5. 操作关键

（1）在熏制时要掌握好火候及熏制时间；

（2）锅盖应扣严，不能漏烟，箅子不能太密。

──── 制作图解 ────

1 猪耳焯水

2 香料装入料包，放入卤汤锅内

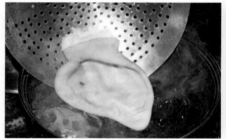
3 焯水的猪耳放入汤锅内卤制成熟

4 锅内加入水，放入茶叶，撒上白糖

5 锅内放上蒸箅，把卤好的猪耳放入锅内

6 熏制上色

7 猪耳切成条状，再切成菱形

8 摆入盘内装饰成形

— 成品特点 —

❧ 肉质醇香　　　　❧ 风味别致

思考题

1. 熏制有哪几种方法？应注意哪些问题？

2. 熏制菜肴所用的熏料的品种有哪些？此菜应选用哪些熏料最好？

3. 什么是生熏？有什么特点？

4. 生熏为什么要选用比较细嫩的食材作为原料？

5. 熟熏的成品特点是什么？适应熟熏还有哪些原料？

醉

🍄 任务描述

　　了解醉的烹调方法以及醉的分类——生醉、熟醉的异同点。掌握正确醉的基本要求和方法，掌握各类原料的加工方法，制作方法，要领及关键，通过示范教学和实习训练，达到举一反三的目的。

🍚 任务目标

　　掌握醉、生醉、熟醉的概念和技术要求。

🔥 任务实施

　　醉是把原料用优质白酒、精盐为主要调料制成的味汁浸渍原料制成菜品的方法。醉制法适用于新鲜的家禽及虾蟹、贝类和蔬菜等原料。原料可整形醉制，也可加工成小型原料醉制。醉制按调味料的种类又分为红醉（用酱油）和白醉（用精盐）；按原料不同又分为生醉（鲜活）和熟醉（熟处理半成品）；如醉蟹、醉鸡、醉笋等。

一、生醉

1. 生醉的基本概念

　　生醉，是指原料经清洗醉腌后，直接食用的一种烹制方法。制作此类菜肴，一般是用鲜活的水产原料，如虾、蟹等，酒醉时，多用竹篓将鲜活水产品放入流动的清水内，让其尽吐腹水，排空腹中的杂质，再晾干水分，放入坛中盖严，然后以精盐、白酒、料酒、花椒、冰糖、丁香、陈皮、葱、姜等调味品制好的卤汁，掺入坛内浸泡，令其吸足酒汁，待这些原料醉透，并散发出特有的香气后，直接食用，生醉通常3~7天即成。

2. 生醉的操作关键

　　（1）必须选用鲜活原料；

　　（2）醉制时要控制好时间；

（3）醉制的料汁要按一定的比例配制好。

3. 生醉的特点

菜肴新鲜、酒香味浓、风味独特。

二、熟醉

1. 熟醉的基本概念

熟醉，是将原料加工成丝、片、条块或用整料，经热处理后醉制的方法。热处理主要有三种方式：一是先水焯后醉，如醉腰丝；二是先蒸后醉，如醉冬笋；三是先煮后醉，如醉蛋。

2. 熟醉的操作关键

（1）需要熟处理的成熟度要恰当；

（2）调制醉汁要掌握好调料的剂量。

3. 熟醉的特点

酒香味浓，咸鲜适口。

-------------------------------- 实例示范 --------------------------------

一、醉虾

1. 原料

主料：活虾300克

调料：曲酒50克、精盐5克、味精5克、葱15克、姜15克、蒜15克、香菜20克、香油15克、酱油10克、米醋25克、白胡椒粉5克、白糖20克

2. 初加工

（1）活虾放入清水中，吐去泥腥味；

（2）葱姜蒜去皮洗净；香菜择洗干净。

3. 切配

葱姜蒜分别切成细末；香菜改成2厘米长的段。

4. 烹调

（1）将活虾放入玻璃煲中，盖上盖；

（2）取碗一只，放入葱姜蒜末、香菜段，再加入曲酒、米醋、酱油、白糖、味精、白胡椒粉、香油，调成调味汁；

（3）将玻璃煲上桌，掀去盖，浇上调味汁，盖上盖略闷即可。

5. 装盘点缀

将玻璃煲放在14寸黑色圆盘中，用香菜叶适当点缀。

6. 操作关键

（1）一定要选用活虾；

（2）调汤汁时口味应略清淡；

（3）醉制时，应将容器口封严，略闷。

—— 制作图解 ——

1 准备原料

2 将大葱、香菜、姜、大蒜切末，加入调味料和高度白酒拌匀

3 拌匀后调成醉汁

4 将调好的醉汁倒入活虾盆内

5 静置5分钟即可食用

—— 成品特点 ——

🌳 咸鲜适中　　　🌳 酒香味醇　　　🌳 风味独特

二、熟醉鸡

1. 原料

主料：净光鸡1只（约1200克）

调料：曲酒100克、精盐10克、料酒20克、味精5克、八角2粒、花椒1克、大葱15克、老姜10克

2. 初加工

（1）将鸡从背部开刀，去净内脏，斩去头、爪，洗净；

（2）大葱、姜去皮洗净。

3. 切配

将鸡从背部剖开；葱白切成寸段，老姜切块、拍松。

4. 烹调

（1）将鸡放入沸水锅中焯水，洗净血污，再将砂锅置火上，添入清水（将鸡淹没为度），加入姜块10克、葱段15克、花椒1克、八角2粒、料酒和鸡；烧沸后，盖上盖，转用小火慢煮；待鸡肉充分酥烂时捞出，稍凉后剁成约3厘米见方的块，然后用原汤泡至凉后捞出；

（2）取少量原汤放碗内，加精盐10克、味精5克调味；

（3）鸡块装入盛器中，加入曲酒100克，用玻璃纸封住口，盖上盖，腌4~5小时。

5. 装盘点缀

取窝盘一只，将成品整齐码放在盘中，浇汁均匀，用香菜叶适当点缀。

6. 操作关键

（1）煮鸡时宜用小火，否则鸡肉质老；

（2）所调汤汁口味应略清淡；

（3）醉制时，应将容器口封严，腌制时间要长一些。

───── 制作图解 ─────

1 准备原料

2 鸡放入锅内煮熟

③ 煮熟后捞出

④ 晾凉后改刀切块

⑤ 摆入容器中

⑥ 将大葱、辣椒，大蒜、生姜、香菜切末
加入调味料和高度白酒拌匀成醉汁

⑦ 浇入调好的醉汁

⑧ 装饰成形

—成品特点—

🌳 咸鲜适中　　🌳 酒香味醇

思考题 --

1. 什么是生醉？生醉有什么特点？

2. 醉虾为什么要选用活虾？

3. 活虾为什么要用调味汁略闷？

4. 醉虾选用什么酒最好？

5. 什么是熟醉？有什么特点和要求？

6. 制作此菜应选用什么样的鸡作为原料？

7. 鸡熟后为什么要用原汤浸泡？起什么作用？

7 任务

炝

🍄 **任务描述**

　　了解炝的烹调方法，掌握炝的分类——水焯炝、油滑炝、焯滑炝的异同点。明确其各自概念，熟悉其特点，掌握基本要求和加工方法，制作方法，要领及关键，通过示范教学和实习训练，达到举一反三的目的。

🍚 **任务目标**

　　掌握炝、焯水炝、滑油炝的具体方法和技术要求。

🔥 **任务实施**

　　所谓炝，是将具有脆嫩质地的动植物原料改成较小形状，焯水或滑油后用热花椒油炝生姜调制而成的一种烹调方法。炝是冷菜制作中常用的一种方法。炝制菜品尤其适用于夏季，成品口味辛香，脆嫩爽口。炝菜的调味品是相对固定的，有花椒油、精盐、味精、姜丝或姜末。一般动物性原料的成熟方法是上浆后滑油。菜肴如炝虎尾、虾子炝芹菜、滑炝鸡丝、炝腰片等。

　　炝制菜品的一般原料以动物性为主，并且是经过加工后的小型易熟入味的原料；植物性原料的使用相对较少。炝制菜一般需要经过加热处理后入味，所以行业中习惯上将炝称为"熟炝"。

　　炝制菜品的制作方法，一般选用极其简单的成熟法，诸如"水汆""过油"等，从而使原料的质感得到保证。炝制菜品在预熟时一般都未经过调味过程，因此要求料形是相对较小的，易于成熟和入味，通常以片、丝等形状居多。为了使炝制菜品具有浓郁的味道，在调味过程中以有一定刺激性味道的调味品为主，如胡椒粉、蒜泥等，并且经过调味后应当摆放一段时间，以便使其充分入味。在我国有些地区，也有将鲜活的小型动物性原料，辅以适当的调味料炝食的。因而在调味过程中，一般均加入一定量的白酒和胡椒粉，充分达到调味的效果，如腐乳炝虾等。

1. 操作关键

（1）选用鲜活原料，规格要符合炝的要求；

（2）正确掌握不同的炝的要求操作。

2. 炝的特点

口感软嫩，口味鲜美。

--------------- 实例示范 ---------------

炝腰花

1. 原料

主料：鲜猪腰400克

配料：香菜15克

调料：酱油15克、米醋100克、精盐7克、绵白糖1克、味精2克、白
胡椒粉5克、花椒15克、香油15克、料酒30克、葱10克、姜10克

2. 初加工

猪腰洗净；葱去皮洗净打结；姜去皮洗净切片；香菜择去黄叶
洗净。

3. 切配

猪腰从中间剖开，去除腰臊，先直刀（不切断）后斜刀片成片。

4. 烹调

锅置火上，加入清水，放入葱姜、料酒，烧开，将片好的猪腰焯
水，快速捞出，放冷水中冲凉洗净捞出，控净水分，放入盆中，加入调
味品和香菜末，拌匀。

5. 装盘点缀

取窝盘一只，将成品放入盘中，放在长方形平盘上，点缀。

6. 操作关键

（1）猪腰要新鲜，腰臊要去净；

（2）焯水时，速度要快，不可过老，否则肉不嫩，影响口感；

（3）花刀要均匀。

1 准备原料

2 猪腰从中间切开

3 将腰臊除去

4 将猪腰先直刀切再片成片

5 片好的片放入盘内

6 猪腰片焯水

7 捞出放入冷水内冲凉

8 凉透的猪腰捞出

9 将腰片沥水后放入器皿中，放入调味料   10 将炝腰片装盘装饰

— 成品特点 —

🍄 腰花脆嫩   🍄 鲜美可口   🍄 佐酒佳肴

思考题 --

1. 什么是炝？有什么特点？

2. 写出焯水炝与滑油炝的异同点。

3. 此菜的成品特点有哪些？是哪个地方的名菜？

🍳 任务描述

　　了解冻的烹调方法及冻的类别；明确冻的概念；熟悉其特点；掌握基本要求和加工方法、制作方法、要领及关键，通过示范教学和实习训练，达到举一反三的目的。

🍚 任务目标

　　掌握冻的具体方法和技术要求。

🔥 任务实施

　　冻，也称水晶，系指用猪肉皮、琼脂（又称石花菜、冻粉等）的胶质蛋白经过蒸或煮制，使其充分溶解，再经冷凝冻结形成冷菜菜品的方法。冻制菜品清澈晶亮，软韧鲜醇。

　　制冻的方法分蒸和煮两类。习惯上以蒸法为优。蒸法在加热过程中是利用蒸汽传导热量；而煮则是利用水沸后的对流作用传导热量。蒸可以减少沸水的对流，从而使冷凝后的冻更澄清、更透明。

一、皮胶冻法

　　用猪肉皮熬制成胶质液体，并将其他原料混入其中（通常有固定的造型），使之冷凝成菜的方法称为皮胶冻法。在实际操作过程中，根据其加工方法的不同又可以分为花冻成菜法和调羹成菜法（盅碟成菜法）。所谓花冻成菜法，就是洗净的猪皮加水煮至极烂，捞出制成蓉泥状（或取汤汁去皮），加入调味品，淋入蛋液，也可掺入诸如干贝末、熟虾仁细粒，并调以各式蔬菜细粒，后经冷凝成菜。成品具有美观悦目、质韧味爽的特点。如五彩皮糕、虾贝五彩冻等。调羹、盅碟成菜法是指在成菜过程中需要借助于小型器皿如调羹、盅、碟（或小碗）等，制作时，取猪肉皮洗净熬成皮汤，取盅碟等小型器皿，将皮汤置其中，放入加工成熟的鸡、虾、鱼等无骨或软骨原料（按一定形状摆放更好），经冷凝成菜。用此法加工的冻菜，一般都宜将原料加工成丝状或小片、细粒等。调味亦不宜过重，以轻淡为主。此法在行业中使用较普遍，如水晶鸡丝、水晶鸭舌等。

冻制成菜的先决条件是冻的制作。首先是所用肉皮必须彻底洗净，应达到无毛、无杂质油脂。因此在正式熬制前，先将肉皮焯水后将肉皮内外刮净，清洗后改成小条状人锅加热，便于熟烂。其次熬制汤汁时，要掌握好皮汤中原料与水的比倒，一般认为以1∶4为宜。

若汤水过多，则冻不结实；若汤水过少，则胶质过重，韧性太强。汤汁凝结后一般以透明或半透明为度，所以在熬汤时除了用盐、味精、葱结、姜块及少量料酒外，一般不用有色调味科和香辛料，防止有色调味料影响冻的成色。皮冻熬好后，根据成菜要求，添加所需调味品。

二、琼脂冻法

琼脂学名石花菜，俗称冻粉。此法是指将琼脂掺水煮或蒸溶后，浇在经过预熟的原料上，冷却后使其成菜的方法。琼脂冻与皮冻比较，具有不同的质地和口感。通常情况下，琼脂冻较为脆嫩，缺乏韧性，所以一般用于甜制品制作的较多，有时也用于花色冷拼的衬底或掺入其他原料作冷菜的刀面原料。琼脂冻类的菜品操作比较简便，成菜具有色泽艳丽、清鲜爽口的特点。琼脂冻的操作要领体现在以下几个方面：所用琼脂一般为干品，使用前用清水浸泡回软后，洗干净，再放清水中煮化或蒸溶。倘若是制作甜品，可不加水，掺入冰糖，蒸制待琼脂及冰糖溶化后，倒入事先备好的容器中冷凝成型。掌握好琼脂及水的使用比例。一般来说，琼脂都要加水熬制成菜，水加多了成品不易凝结；水加少了，凝冻质老易于干裂，口感欠佳。琼脂与水的比例一般控制在1∶10左右为宜。

根据用途不同，琼脂在熬制过程中可适量添加一些有色原料，以丰富菜品色彩。琼脂冻类菜品若无特殊用途，通常要借助于一定的成型器皿来完成，例如草莓琼脂冻、牛奶琼脂果杯等。

冻制菜品是冷菜制作中常见的一种形式。适合于冻法成菜的原料很广泛，通常来说，大多数无骨细小的动物性原料适宜用皮冻法成菜；大多数植物性原料特别是水果类原料适用于琼脂冻法。常见菜品如水晶肴蹄、双色水果杯、水晶西瓜球等。

三、操作关键

煮制冻汁选料要新鲜，掌握好水（一次性加足，中途不宜加水）与料的比例、火候、时间及冻汁的浓度、清澈度（油要撇净）。

四、冻的特点

晶莹透明，软嫩滑韧，清凉爽口，造型美观。

实例示范

水晶鸡

1. 原料

主料：光鸡1只（约500克）

配料：猪肉皮400克、香菜和枸杞适量

调料：精盐7克、绵白糖1克、味精2克、香油15克、料酒30克、葱10克、姜10克

2. 初加工

光鸡和肉皮洗净，葱姜去皮洗净。

3. 切配

葱姜拍松，切成细末。

4. 烹调

（1）锅置火上，加入清水，将肉皮焯水，捞出洗净；鸡焯水捞出洗净；另加清水，加入葱、姜、料酒、光鸡，将鸡煮熟捞出；取出鸡脯肉；

制作图解

1 准备原料

2 鸡放入锅内煮熟

3 捞出静置晾凉

4 肉皮焯水

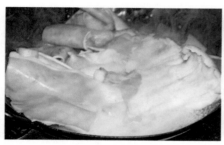

5 放入锅内小火煮成水晶汤

6 整鸡取鸡脯肉

7 切成菱形小片

8 将鸡肉摆入容器内，浇上水晶汤，摆入
香菜和枸杞，冷藏凝固即可

9 摆入盘中，装饰成形

—— 成品特点 ——

🌲 造型美观

🌲 透明晶亮

（2）另起锅，加入清水，将肉皮放入，煮透，捞去肉皮，加入调料，成水晶冻。

5. 装盘点缀

将鸡肉摆入容器内，浇上水晶冻，摆入香菜和枸杞，待冷藏凝固后，倒出，整齐地装在盘中（形状有创意、新颖）。

6. 操作关键

（1）肉皮要清洗干净；

（2）煮肉皮时，要小火，保持汤汁清澈黏稠。

思考题 --

1. 什么是冻？其操作关键是什么？

2. 水晶冻是怎样形成的？

3. 此类菜肴最适宜在什么季节制作？

4. 做冻菜还可用其他什么原料？

任务描述

了解挂霜的烹调方法，熟悉其特点，掌握基本要求和加工方法，制作方法，要领及关键，通过示范教学和实习训练，达到举一反三的目的。

任务目标

掌握挂霜的具体方法和技术要求。

任务实施

挂霜是将小型原料加热成熟后在其外表包裹上一层洁白糖霜的加工方法。

挂霜的实质是利用糖的再结晶原理。根据人们在日常工作中的运用，通常将挂霜分为葡萄糖粉挂霜法、直接撒糖粒挂霜法和熬糖挂霜法三种形式。其中以熬糖挂霜法为优。挂霜的原料一般是较小型的动、植物性原料，又以植物性原料居多。为了丰富菜品的口味，有时也可掺入可可粉、芝麻粒（粉）等。

挂霜类菜品的制作关键是熬糖。一般熬糖都采用水熬糖法。熬制糖液以前，应先将锅洗净，加入水和糖，通常认为水与糖的比例以1：（3~4）为宜，经小火熬制，待糖全部溶化后，下入预先成熟的原料，迅速翻拌均匀，并使之冷却凝结成霜。熬糖时，外观感觉是水泡由大变小且稠密，搅动时有一定阻力。如果掌握不住糖与水的比例，只要将糖的量多于水的量，然后慢慢加热使水分完全蒸发，使之变稠即可。

制作挂霜类菜品，应把握好加热原料的成熟环节。挂霜菜品除了要求色泽洁白，口味香甜以外，对于原料也有一定的要求，主要特色是脆、香。因此原料经过过油或炒制、烘烤时，应当严格掌握火候。少数动物性原料为使其达到口感外酥脆、里鲜嫩的效果，可先行采用挂糊、炸制，然后再挂霜成菜。

挂霜菜品是冷菜中常用的一类冷甜菜式，要求对熬糖挂霜有一个全面的了解。常见的菜品有：挂霜腰果、挂霜生仁、挂霜排骨、挂霜酥吉圆等。

1. 挂霜的操作关键

基本上同拔丝，但挂霜火候与拔丝不同，挂霜应在糖未出丝并使之返砂的火候时即可下料。

2. 挂霜的特点

表面洁白似霜，味香甜质脆。

------------------------------ 实例示范 ------------------------------

挂霜腰果

1. 原料

主料：腰果250克

配料：绵白糖200克

调料：色拉油1000克（实耗25克）

2. 烹调

（1）将腰果入四成温油中浸炸，至酥脆时捞出；

（2）锅洗净，加入清水50克，再加入白糖，上温火用手勺不停搅动；炒至糖溶化至糖液冒大气泡时，锅端离火口，继续搅动至大气泡消失、糖液翻细密的小气泡时，迅速将腰果倒入锅内，置阴凉通风处翻拌均匀，使糖液均匀地粘裹在腰果的表面，呈白色结晶状，即可出锅装盘。

------------------------------ 制作图解 ------------------------------

1 准备原料

2 腰果放入温油锅内炸至金黄色

3 炸好的腰果捞出

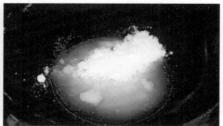

4 锅内放入清水，加入白糖

[5] 小火熬制起泡

[6] 放入炸好的腰果翻炒

[7] 翻炒至起白霜即可

[8] 出锅放入盘中凉透

[9] 装饰成形

—— 成品特点 ——

🌳 色泽洁白

🌳 酥脆

🌳 香甜可口

3. 装盘点缀

将腰果分装两小容器中盘中，放在长方形盘上，点缀盘边。

4. 操作关键

（1）腰果过油不可太老或太嫩；

（2）炒糖时，火力要适当，切勿过火出丝，应在出丝前泛小气泡时倒入腰果，否则，降温后不能出现白霜，难以保证色和质量；

（3）糖液应均匀裹在腰果的外表；

（4）熬糖的炒锅一定要洗干净。

思考题

1. 什么是挂霜？有什么特点？

2. 制作挂霜菜肴时熬糖的关键是什么？应使用什么样的火力？

3. 熬制后的白糖为什么冷却后能凝成白霜？此菜为什么叫挂霜？

4. 挂霜和拔丝有什么区别？

糟

🍄 任务描述

　　了解糟的烹调制作方法，明确其概念，熟悉其特点，掌握正确选料的基本要求和原料的加工方法，制作方法，要领及关键，通过示范教学和实习训练，达到举一反三的目的。

🍚 任务目标

　　掌握糟的具体方法和技术要求。

🔥 任务实施

　　糟是将处理过的生料或熟料，用糟卤等调味品浸渍，使其成熟或增加糟香味的一种烹制方法。多用于动物性原料和蛋类原料，也可用于豆制品和少数蔬菜。

　　原料未经热处理直接糟制，经过数小时乃至数天、数月入味后，再加热制成菜品的烹制方法即为生糟。生糟大都适用于蛋类、鱼虾蟹类，糟制后多采用蒸食。熟糟是将原料热处理后糟制，经浸腌入味再改刀装盘成为菜品的烹制方法。熟糟多适用于禽、畜类的原料。

1. 糟的操作关键

（1）糟制时要掌握好糟制的时间；

（2）糟制时要掌握好调味品的量；

（3）糟制时不可带入生水；

（4）要选用好不同的糟料。

2. 糟的特点

糟香味浓，风味独特。

糟捆大枣

1. 原料

主料：干大红枣200克

调料：醪糟汁150克、桂花酱10克

2. 初加工

将红枣洗净，切去两头，去核，片成片。

3. 切配

将红枣片取三片，交错叠起，从一头卷起成卷状，卷紧后立起，切去两头即可。

4. 烹调

将卷好的大枣放入容器内加入桂花酱、醪糟汁泡约2小时。

5. 装盘（点缀）

取窝盘一只，将成品整齐地摆放在盘中（装盘饱满）；淋汤汁，适当点缀。

6. 操作关键

（1）大枣卷时要卷紧；

（2）浸泡时间不能太短，否则不入味。

---------- 制作图解 ----------

1 红枣切去两头

2 去核

3 片成片

4 取三片，交错叠起

⑤ 从一头卷起成卷状

⑥ 卷紧后立起，静置

⑦ 卷成卷的红枣切去两头

⑧ 卷好的大枣放入容器内

⑨ 加入桂花酱、米糟汁泡约2小时

⑩ 装饰即可

—成品特点—

🌱 回味香甜　　🌱 糟香味醇

思考题

1. 什么是糟？有什么特点？

2. 此菜制作选料有何要求？糟的种类有哪些？

3. 用同类烹调方法还可制作哪些菜肴？

4. 此菜的成品特点有哪些？

烤

🍄 任务描述

了解烤的烹调制作方法，明确其概念，熟悉其特点，掌握基本要求和原料的加工方法，制作方法，要领及关键，通过示范教学和实习训练，达到举一反三的目的。

🍚 任务目标

掌握烤的具体方法和技术要求。

🔥 任务实施

烤就是将经过加工整理的原料，经葱、姜、料酒等腌渍后置于烤箱或烤炉中，利用微波和干热空气辐射加热，使原料成熟并且具有外皮酥脆金黄、肉质鲜嫩可口的一种成菜方法。

此法所成菜肴，一般以微热时食用效果最佳。若待完全冷却后再食用，则外皮可能吸收空气中的水分而回软，使原料口感发生变化。

烤制菜肴一般烤熟后即可食用，因此在腌渍时往往调至正常直接可食用的口味，以保证菜品的滋味。同时，调味时一般调味料的品种较为丰富，并可适当用一些辛辣、芳香类调味料，如葱、姜、花椒、洋葱、芹菜、八角、桂皮等。烤制菜肴外表需色泽金黄，可在原料的外表涂抹上一些发色原料，如饴糖、蜂蜜、酱油等。烤制时应当注意菜品的成熟度，不能使外皮出现焦苦现象。烤制菜品在制作时，一般多辅以一定量的葱，以增加成菜的香味。如果使用烤箱，则将葱等平铺在烤盘内，再放上原料烘烤;若是采用炉烤（一般是整只的禽类或较小的整只畜类），则将葱等置于禽体腹腔内，经过加热后就会散发出浓郁的香味。烤制菜品在其完成后，宜在其外表涂抹上少许香油，以进一步增香和增加菜品的光泽。

烤制菜品所使用的原料一般是动物性原料，特别是鱼类和禽类居多。常见的菜品有：金葱烤鱼、葱烤仔鸡等。

1. 烤的操作关键

（1）烤制时要掌握好烤制的时间；

（2）烤制的原料一般要事先腌制；

（3）烤制后，一般要刷上油，保持成品油亮。

2. 烤的特点

色泽金黄，香味浓郁，风味独特。

------------------------------ 实例示范 ------------------------------

烤凤翅

1. 原料

主料：鸡中翅500克

调料：精盐7克、绵白糖1克、香油10克、料酒30克、葱10克、姜10克

2. 初加工

将鸡翅洗净；葱姜去皮洗净。

3. 切配

将鸡翅放入盆中，葱、姜切段、片，放入鸡翅，加入精盐、白糖、料酒，腌制2小时入味。

4. 烹调

将腌好的鸡翅放入烤箱，将温度调至220℃，烤制20分钟，将烤至金黄色的鸡翅取出，刷上香油即可。

5. 装盘

取平盘一只，将成品整齐地摆放在盘中，适当点缀。

6. 操作关键

（1）鸡翅腌制要腌透；

（2）烤制要掌握好时间和温度。

制作图解

1 准备原料

2 鸡翅腌制入味

3 将腌好的鸡翅放入烤箱，烤箱温度：220℃，烤20分钟

4 将烤至金黄色的鸡翅取出

5 摆入盘中，装饰即可食用

—成品特点—

🌲 色泽金黄　　　🌲 香味醇厚

思考题 --

1. 什么是烤？有什么特点？

2. 此菜制作时，对温度和时间有何要求？

3. 用同类烹调方法还可制作哪些菜肴？

4. 此菜的成品特点有哪些？

蒸

任务 12

🍳 任务描述

了解蒸的烹调制作方法，明确其概念，熟悉其特点，掌握基本要求和原料的加工方法，制作方法，要领及关键，通过示范教学和实习训练，达到举一反三的目的。

🍚 任务目标

掌握蒸的具体方法和技术要求。

🔥 任务实施

蒸法用于冷菜中有两个方面，一是特殊材料的制作，成形加工；二是常用材料的制作加工。将初步调味成形的原料置于盛器中，用蒸汽加热的方式使原料成熟或定型的方法称为蒸。

蒸制菜品的原料以动物性为主，植物性为辅。其料形一般以蓉、块、片以及经过加工成特殊形态的形状居多。

蒸制菜成功的关键在火候。一般要求是旺火沸水蒸制。根据成菜要求，可采用放汽蒸与不放汽蒸两种形式进行加工。

所谓放汽蒸，就是在蒸制过程中，防止因汽过足而使成品疏松而具空洞结构，影响成品的口感，而在蒸制过程中放掉一部分蒸汽，仅使一部分蒸汽作用于原料，将原料加热成熟的方法。这种方法适用于蓉泥状及蛋液类原料，诸如双色鱼糕、蛋黄糕、蛋白糕等。

所谓不放汽蒸，就是蒸制过程中，使充足的蒸汽完全作用于原料，从而使原料成熟的方法。这种蒸法的原料往往具有一定的形态，它们不因为充足的蒸汽而使原料变形或起孔，能够较好地保持原料的形态。此法适用于具有一定形态的原料及一些经过腌制的原料的成熟。如如意蛋卷、相思紫菜卷、旱蒸咸鱼等。

蒸法尽管不是一种常用的冷拼材料的制作方法，但蒸法在冷拼材料制作中的作用却很大。很多的冷拼刀面材料，特别是一些花色冷拼的刀面材料，都需要通过蒸法成型，因而在冷拼制作中具有重要的地位。

1．蒸的操作关键

（1）蒸制时要掌握好蒸制的时间；

（2）蒸制的原料大小要均匀。

2．蒸的特点

蒸制菜肴软嫩清爽，香味浓郁，风味独特。

实例示范

双色蒸菜

1．原料

主料：白萝卜200克、胡萝卜200克

调料：精盐4克、绵白糖2克、香油10克、蒜泥20克、老干妈辣酱30克

辅料：干淀粉100克

2．初加工

将白萝卜、胡萝卜洗净；葱、姜去皮洗净切末。

3．切配

将白萝卜、胡萝切成中粗丝状，分别放入盆中，加入淀粉拌匀，抖去余粉。

4．烹调

将拌好的萝卜丝和胡萝卜丝分开放在平盘中，上蒸笼大火蒸4分钟，取出，放入蒜泥、精盐等调味品，拌匀。

5．装盘

取方形平盘一只，将成品分别摆放在盘中，适当点缀。

6．操作关键

（1）萝卜丝粗细要均匀；

（2）蒸制时要掌握好时间和温度。

制作图解

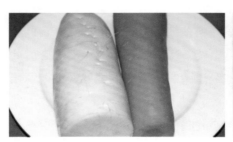
1 准备原料

2 胡萝卜切成丝

3 白萝卜切成丝

4 将白萝卜、胡萝卜放入盘中摊开，晾去水分

5 白萝卜加入淀粉拌匀

6 胡萝卜加入淀粉拌匀

7 拌好后放入盘内铺平，蒸约4分钟

8 蒸好的萝卜分别放入盆内，加入葱姜末、食盐、味精、老干妈辣酱，淋上香油拌匀

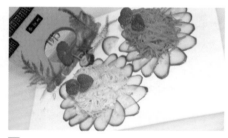

9 摆入盘中，装饰即可

—— 成品特点 ——

🥦 色泽鲜艳

🥦 香味醇厚

🥦 口味香辣

思考题

1. 什么是蒸？有什么特点？

2. 此菜制作时萝卜丝为什么要切中粗丝？

3. 用同类烹调方法还可制作哪些菜肴？

4. 此菜的成品特点有哪些？

任务描述

了解酥的烹调制作方法，明确其概念，熟悉其特点，掌握基本要求和原料的加工方法、制作方法、要领及关键，通过示范教学和实习训练，达到举一反三的目的。

任务目标

掌握酥的具体方法和技术要求。

任务实施

酥是原料在以醋为主要调味料的汤汁中经慢火长时间加热，使主料骨酥肉烂、味浓醇香的一种方法。

酥主要有两种形式：一种是硬酥；一种是软酥。主料先过油再酥制的是硬酥；不过油而直接将原料放入汤汁中加热处理的为软酥。可以酥制的原料很多，肉、鱼、蛋和部分蔬菜均可作为酥制原料。酥制的主要环节在于制汤，其味型丰富多样，除基本味外，尚可加入如五香粉或其他香料等调味料。

酥制菜品一般都是相对批量生产，成品要求酥烂，因此首先应当防止原料粘底。因为在酥制菜肴过程中，不可能经常性翻动原料，甚至有的原料从入锅到出锅根本就无法翻动，所以一定要加衬垫物，并将原料逐层排放。其次，加料及汤水的投放比例要准确，以免影响滋味的浓醇。酥菜制作时间一般较长，故汤汁的投放应比一般菜肴略多一些。开始加热时，以汤汁略高于原料为度。第三，酥制菜品讲究酥烂，为防止原料的形态被破坏，加热完毕后，必须冷却后方可起料。

酥制菜品美味可口，常见的品种有：酥鲫鱼、酥海带、酥鸡肝等。

1. 酥的操作关键

（1）酥制时间较长，要掌握好酥制的时间；

（2）酥制的菜肴，一般要冷却后才能食用。

2. 酥的特点

酥制菜肴软嫩酥烂，香味浓郁，风味独特。

-------------------- 实例示范 --------------------

酥鲫鱼

1. 原料

主料：小鲫鱼1000克

调料：精盐10克、绵白糖10克、料酒50克、香油10克、葱300克、姜30克，米醋200克，八角、砂仁、豆蔻、丁香、桂皮、甘草各10克

辅料：色拉油1000克

2. 初加工

将鲫鱼去鳞、鳃及内脏，刮净腹内黑膜，洗净后沥水；葱姜洗净切段、拍松。

3. 烹调

（1）锅置火上，烧热，加入色拉油，待烧至七成热时，将鲫鱼放油锅中炸透捞出控油；

（2）大锅底垫上葱姜，把鲫鱼整齐地放入锅内，将八角、砂仁、豆蔻、丁香、桂皮、甘草等放在鱼中间，放入精盐、白糖、米醋、料酒、酱油，加清水适量，没过鱼，上火烧开，再转小火焖烧大约4小时，待鲫鱼酥透，离火待凉，淋入香油。

4. 装盘

取平盘一只，将成品分别摆放在盘中，适当点缀。

5. 操作关键

（1）鲫鱼大小要均匀；

（2）酥制时要掌握好时间和火候，不能烧干。

-------------------- 制作图解 --------------------

1 准备原料

2 鲫鱼宰杀，去鳞，去内脏，加入调料、葱姜、料酒、食盐腌制入味

③ 腌好的鲫鱼入七成热油锅内炸至酥透

④ 将炸好的鲫鱼捞出

⑤ 锅内放入油，烧热，下入葱姜调料煸炒出香味，放入高汤，加入炸好的鲫鱼

⑥ 鲫鱼用小火慢炖至酥烂

⑦ 捞出装盘即可

—成品特点—

🍂 肉烂骨酥   🍂 甜咸略酸

思考题 -

1. 什么是酥？有什么特点？

2. 为什么此菜制作时间要长？

3. 用同类烹调方法还可制作哪些菜肴？

4. 此菜的成品特点有哪些？

项目三
冷拼制作技艺与综合实训

项目导学

冷拼的制作，不同于一般的凉盘，它像艺术作品一样，既要有鲜明的主题，又要有严谨的结构；讲究寓意吉祥、布局严谨、刀工精细、拼摆匀称，既要层次分明，又要形象逼真。冷拼的主题内容很多，春夏秋冬、飞禽走兽、花鸟鱼虫、山川风物等，皆可生动再现。冷拼的材料，高档的多用山珍、海鲜、火腿、鸡、鸭、鱼、虾等；普通的多用肘花、叉烧、酱肚、排骨、蛋卷等。也有用石花菜、松花蛋、辣白菜、花生米等制做素拼盘的。冷拼多使用各式刀工，把原料切配或雕刻成立体的花草、鸟兽、山水等拼成图案，既是食用的佳肴，又是供欣赏的艺术品。

项目目标

认知目标：
学习本次内容后，能掌握不同冷拼的制作；通过冷拼基本功和部分冷拼的制作练习，达到举一反三的目的，衍变出相应的不同造型的冷拼，能正确使用原料，合理搭配色彩，造型美观，形态逼真。

技能目标：
❶ 通过技能实训，掌握冷拼中原料的搭配和所需要的各种刀法。
❷ 通过技能实训，掌握冷拼常用的拼摆手法。
❸ 通过技能实训，掌握冷拼常用的造型方法。

情感目标：
❶ 培养实训中学生的职业素养。
❷ 培养学生团结协作、共同完成任务的能力。

项目重点难点

重点：
❶ 冷拼基本功。
❷ 冷拼造型构思。
❸ 冷拼的拼摆手法。

难点：
❶ 冷拼的造型设计。
❷ 冷拼拼摆手法的熟练运用。

任务 1 冷菜拼盘基本功实训

🍳 任务要求

1. 预习本次内容，查找相关资料；

2. 根据教师讲解及示范，掌握相近的花色拼盘造型；

3. 学生根据要求动手实践，加强动手能力，写出实训报告；

4. 教师根据学生作品，给予考核评价。

🍲 任务资料及设备

1. 相关知识和参考资料；

2. 实训设备：刀具、菜墩、餐具等；

3. 实训原料：不同品种，实训原料不同，详见实训品种。

任务实施

实训1 单拼

原　料： 胡萝卜

餐　具： 10寸白色平圆盘

工　具： 菜刀、菜墩

制作过程：

1. 将原料修出两种长短不同的坯料，修成长梯形块；（大块规格：长4厘米、大头宽0.8厘米、小头宽0.5厘米；小块规格：长2.5厘米、大头宽0.5厘米、小头宽0.3厘米）；

2. 将剩余下脚料切成细料，放在盘中堆成圆锥体；

3. 用拉刀法拉切大块原料，切好的原料保持整齐不散，用刀将切好的原料搓一下；轻拍成扇面形，拼摆在圆锥体的周围，摆好第一层；

4. 用同样的方法，拼摆出第二层，第二层高度高于第一层1厘米左右，上口收紧，拼摆完成。

操作关键：

1. 修出的坯料大小长短要一致；

2. 垫底的面要修平整；

3. 扇面原料厚薄要均匀；

4. 扇面间距及弧度要均匀。

—— 制作图解 ——

1 准备好原料

2 将原料修出两种长短不同的坯料

3 将剩余下脚料切成细料，放在盘中堆成圆锥体

4 用拉刀法拉切大块原料，切好的原料保持整齐不散

5 用刀将切好的原料搓一下

6 用刀轻拍成扇面形

7 拼摆在圆锥体的周围

8 摆好第一层

9 用同样的方法，拼摆出第二层，拼摆完成

实训2　双拼

原　料： 大白萝卜、胡萝卜、方火腿

餐　具： 10寸白色平圆盘

工　具： 菜刀、菜墩

制作过程：

1. 将胡萝卜和火腿修成长梯形（规格同单拼）；

2. 将白萝卜修成0.5厘米厚的片放在平盘中间，再将胡萝卜和火腿下脚料切成片，放在白萝卜的两边形成两个半圆形面；

3. 胡萝卜用拉刀法拉切，切好的原料保持整齐不散；用刀将切好的原料搓一下，轻轻拍成扇面形；拼摆出胡萝卜面的第一层弧形面；

4. 用同样的方法拼出火腿面的第一层弧形面；

5. 将火腿面的第二层弧形面拼好后用刀切成直线，摆出火腿面的第二层；用同样的方法拼摆出胡萝卜面的第二层；

6. 抽出中间的白萝卜片，整理拼盘，拼摆完成。

操作关键：

1. 修出的坯料大小长短要一致；

2. 垫底的面要修平整，中间的缝隙断面要平整；

3. 扇面原料厚薄要均匀；

4. 扇面间距及弧度要均匀，呈半球形。

1 将胡萝卜和火腿修成长梯形块

2 白萝卜修成0.5厘米厚的片放在平盘中间，再将下脚料切成片，放在白萝卜的两边形成两个半圆形面

3 胡萝卜用拉刀法拉切，切好的原料保持整齐不散

4 用刀将切好的原料搓一下，轻轻拍成扇面形

5 拼摆出胡萝卜面的第一层弧形面

6 用同样的方法拼出火腿面的第一层弧形面

7 将火腿面的第二层弧形面拼好后用刀切成直线，摆出火腿面的第二层

8 摆出胡萝卜面的第二层

—— 成品特点 ——

🍄 形状美观

🍄 匀称

🍄 大方

🍄 色彩协调

9 抽出中间的白萝卜片，整理拼盘，拼摆完成

实训3　三拼

原　料： 大白萝卜、胡萝卜、方火腿

餐　具： 10寸白色平圆盘

工　具： 菜刀、菜墩

制作过程：

1. 将白萝卜、胡萝卜和火腿修成拼摆的长梯形块（规格同单拼）；

2. 白萝卜、胡萝卜和火腿修成弧形片，放在盘子上，将盘子分成均匀的三份；

3. 用刀将胡萝卜的弧形原料切成片，用胡萝卜片固定位置；

4. 将胡萝卜下脚料修成薄片，做出胡萝卜部分的圆弧形面；

5. 用白萝卜和火腿将另外两个部分全部做成圆弧形；

6. 将胡萝卜用拉刀法拉切，保持原料整齐，用刀将切好的原料搓一下，用刀轻拍成扇面形，拼出胡萝卜面的第一层平面，用同样的方法拼出白萝卜和火腿的第一层平面；

7. 用同样的方法拼出第二层，拼摆完成。

操作关键：

1. 修出的坯料大小长短要一致；

2. 垫底的面要修平整，缝隙断面要平整；

3. 扇面原料厚薄要均匀；

4. 扇面间距及弧度要均匀，呈半球形。

1 准备原料

2 将白萝卜、胡萝卜和火腿修成拼摆的长梯形块

3 白萝卜、胡萝卜和火腿修成弧形片，放在盘子上，将盘子分成均匀的三份

4 用刀将胡萝卜的弧形原料切成片，用胡萝卜片固定位置

5 将胡萝卜下脚料修成薄片，做出胡萝卜部分的圆弧形面

6 胡萝卜垫底部分展示

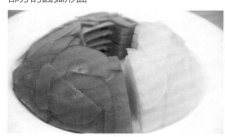

7 用白萝卜和火腿将另外两个部分全部做成圆弧形

8 将胡萝卜用拉刀法拉切，保持原料整齐

9 用刀将切好的原料搓一下

10 用刀轻拍成扇面形

11 拼出胡萝卜面的第一层平面

12 拼出胡萝卜面的第二层

13 用同样的方法拼出白萝卜和火腿的面,
拼摆完成

—— 成品特点 ——

🍀 形状美观

🍀 匀称

🍀 大方

🍀 色彩协调

实训4　五拼

原　料：大白萝卜、胡萝卜、莴苣、心里美萝卜、腌制大头菜

餐　具：10寸白色平圆盘

工　具：菜刀、菜墩

制作过程：

1. 将五种原料修成长梯形（规格同单拼）；

2. 将下脚料切碎在平盘上堆成圆弧形面，并平均分成五份；

3. 将胡萝卜用拉刀法拉切，保持原料整齐，用刀将切好的原料搓一下，用刀轻拍成扇面形，拼出胡萝卜面的第一层平面；

4. 用同样的方法拼出其他四种原料的第一层平面；

5. 用同样的方法拼出第二层，拼摆完成。

操作关键：

1. 修出的坯料大小长短要一致；

2. 垫底的面要修平整，缝隙断面要平整；

3. 扇面原料厚薄要均匀；

4. 扇面间距及弧度要均匀，呈半球形。

1 将五种原料修成长梯形

2 将下脚料切碎在平盘上堆成圆弧形面，并平均分成五份

3 将白萝卜用拉刀法拉切，保持原料整齐

4 用刀将切好的原料搓一下

5 用刀轻拍成扇形

6 拼出白萝卜的弧形面

7 拼出莴苣、大头菜和胡萝卜的弧形面

8 拼出第一层的弧形面

9 按照第一层的拼摆方法拼出第二层的弧形面

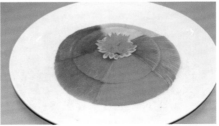

10 白萝卜切片，包住胡萝卜丝，卷成卷状，切成马蹄花刀，放在拼盘收口处拼摆出花形，拼摆完成

—成品特点—

🌳 形状美观　　🌳 匀称　　🌳 大方　　🌳 色彩协调

实训5　什锦拼盘

原　料：大白萝卜、心里美萝卜、红皮萝卜、青萝卜、莴苣、黄瓜、茄子、南瓜、腌制大头菜、荷兰芹

餐　具：12寸白色平圆盘

工　具：菜刀、菜墩

制作过程：

1. 将准备好的原料修成长梯形；

2. 将下脚料切碎垫出薄薄的底料并均匀地分出10个部分；

3. 将胡萝卜修成华表莲花座，用胡萝卜刻出华表柱和华表底座，用牙签固定组合成形，顶部放上雕刻好的望天吼；

4. 将白萝卜用拉刀法拉切，保持原料整齐，用刀将切好的原料搓一下，用刀轻拍成扇面形，拼出白萝卜面的第一层平面，用同样的方法拼出其他七种原料的第一层平面；

5. 用同样的方法拼摆其他几种原料；按照第一层拼摆的方法拼出第二层；

6. 中间放上雕刻好的华表，用荷兰芹围边，拼摆完成。

操作关键：

1. 修出的坯料大小长短要一致；

2. 扇面原料厚薄要均匀；

3. 扇面间距及弧度要均匀，保证拼出的整体是个圆形；

4. 雕刻的华表和望天吼大小与底座拼盘大小一致协调。

───── 制作图解 ─────

1 准备原料

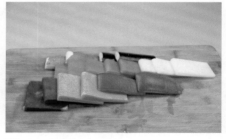

2 将所有的原料修成长梯形

3 将下脚料切碎，放在圆盘上堆成圆弧形面，并平均分成十份

4 将胡萝卜修成华表莲花座

5 用胡萝卜刻出华表柱和华表底座

6 用牙签固定组合成形，顶部放上雕刻好的望天吼

7 将白萝卜用拉刀法拉切，保持原料整齐

8 用刀将切好的原料搓一下

9 用刀轻拍成扇面形

10 将切好的扇面形原料拼摆出弧形面

11 用同样的方法拼出其他几种原料的弧面，第一层拼摆完成

12 按照第一层拼摆的方法，拼出第二层的弧形面，将黄瓜切圆片摆在收口处

成品特点

● 造型美观
● 大方
● 色彩鲜艳
● 协调

13 放上雕刻好的华表，用荷兰芹围边，拼
摆完成

扩展提升

通过单拼、双拼、三拼、五拼及什锦拼盘等基本拼盘的制作，掌握拼盘的基本
技能，为进一步做好花色拼盘打下基础；通过对什锦拼盘的制作，使制作者掌
握刀工处理、形状搭配、色彩协调等，使花色拼盘更加美观、生动、协调，给
人以美的享受。

思考题

1. 拼盘的扇面如何处理？
2. 如何保证拼盘垫底断面的平整？
3. 在选用拼盘原料时应注意什么？
4. 自己设计一个什锦拼盘，进行制作练习。

任务 2 蔬果类造型拼盘实训

🍳 任务要求

1. 预习本次内容，查找相关资料；

2. 根据教师讲解及示范，掌握相近的花色拼盘造型；

3. 学生根据要求动手实践，加强动手能力，写出实训报告；

4. 教师根据学生作品，给予考核评价。

🍲 任务资料及设备

1. 相关知识和参考资料；

2. 实训设备：刀具、菜墩、餐具等；

3. 实训原料：不同品种，实训原料不同，详见实训品种。

------- 任务实施 -------

实训1　蔬菜

原　料： 胡萝卜、青萝卜、心里美萝卜、蛋白糕、黑琼脂糕、黄琼脂糕、澄粉等

餐　具： 30厘米×40厘米长方形白瓷盘

工　具： 菜刀、菜墩、雕刻工具等

制作过程：

1. 用烫好的澄粉塑出胡萝卜、菱角、辣椒、南瓜、白菜等蔬菜的坯型；

2. 将胡萝卜修出拼摆胡萝卜的坯料；

3. 用拉刀法将胡萝卜切成薄片，拼出胡萝卜，在胡萝卜头放上叶子，拼摆成胡萝卜形；

4. 将青萝卜、黄琼脂糕修成拼摆辣椒的坯料，然后用拉刀法将青萝卜切成薄片，拼摆出辣椒，放上青椒蒂，青辣椒拼摆完成；用同样的方法，拼摆完成黄柿椒；

5. 将胡萝卜、青萝卜、心里美萝卜修成拼摆南瓜的坯料，用拉刀法切成薄片，拼摆出南瓜，放上刻好的南瓜蒂装饰，南瓜拼摆完成；

6. 黑琼脂糕修成拼摆菱角的坯料，用拉刀法将黑琼脂糕切成薄片，拼出两个大小不同的菱角；

7. 将心里美萝卜修成拼摆洋葱的坯料，将坯料用拉刀法切成薄片，拼摆成洋葱；

8. 将青萝卜和蛋白糕修成拼摆白菜的坯料，青萝卜用拉刀法切成薄片，拼摆出白菜的菜心、第一片白菜叶子，然后拼出第二片白菜叶子，继续拼摆，然后将蛋白糕用拉刀法切成薄片，拼摆出白菜的茎部，拼摆成白菜；

9. 胡萝卜修成拼摆喇叭花的坯料，用拉刀法切成薄片，保持原料整齐不散，将切好的胡萝卜轻拍成薄片，卷起做出两朵喇叭花；

10. 将拼好的水果组合在盘中，拼摆完成。

操作关键：

1. 雕刻物件要精致、细心；

2. 澄粉要烫透，保持黏软；

3. 拼摆时要细致。

制作图解

① 用烫好的澄粉塑出胡萝卜、菱角、辣椒、南瓜、白菜等蔬菜大形

② 将胡萝卜修出拼摆胡萝卜的坯料

③ 用拉刀法将胡萝卜切成薄片，拼出胡萝卜的一部分

④ 胡萝卜拼摆完成

5 放上叶子

6 将胡萝卜修成拼摆胡萝卜的坯料

7 用拉刀法将胡萝卜切成薄片，拼出胡萝卜的一部分

8 胡萝卜拼摆完成

9 装饰成形

10 将青萝卜、黄琼脂糕修成拼摆辣椒的坯料

11 用拉刀法将青萝卜切成薄片，拼摆出辣椒的一部分

12 青辣椒拼摆完成，放上青椒蒂

13 用拉刀法将琼脂糕切成薄片，拼摆出黄柿椒的一部分

14 黄柿椒拼摆完成

15 放上青椒蒂成形

16 将胡萝卜和青萝卜修成拼摆南瓜的坯料

17 用拉刀法切成薄片

18 拼摆出南瓜的一部分

19 用心里美萝卜切成薄片，拼摆出第二部分

20 将胡萝卜切成薄片，拼摆出南瓜的第二部分

21 南瓜拼摆完成

22 放上刻好的南瓜蒂装饰，南瓜拼摆完成

23 黑琼脂糕修成拼摆菱角的坯料

24 用拉刀法将黑琼脂糕切成薄片，拼出两个大小不同的菱角

25 将心里美萝卜修成拼摆洋葱的坯料

26 将坯料用拉刀法切成薄片，拼摆出洋葱的坯料

27 洋葱拼摆完成

28 装饰成形

29 将青萝卜和蛋白糕修成拼摆白菜的坯料

30 青萝卜用拉刀法切成薄片，拼摆出白菜的菜心

31 拼出白菜叶子

32 拼出第二片白菜叶子

33 继续拼摆

34 白菜的叶子部分拼摆完成

35 蛋白糕用拉刀法切成薄片，拼摆出白菜 36 白菜拼摆完成
的茎部

37 胡萝卜修成拼摆喇叭花的坯料 38 用拉刀法切成薄片，保持原料整齐不散

39 将切好的胡萝卜轻拍成薄片，卷起做出 40 将拼好的水果组合在盘中
两朵喇叭花，装饰

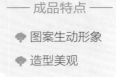

—— 成品特点 ——

🍀 图案生动形象

🍀 造型美观

41 拼摆完成

实训2 水果拼盘

原　料：胡萝卜、心里美萝卜、白萝卜、青萝卜、南瓜、方火腿、黄瓜、红肠、火腿肠、澄粉等

餐　具： 30厘米×40厘米长方形白瓷盘

工　具： 菜刀、菜墩、雕刻工具等

制作过程：

1. 用烫好的澄粉塑出香蕉、草莓、柿子、杨桃、火龙果等水果的坯型；

2. 将心里美萝卜修成拼摆草莓的坯料，用拉刀法切成薄片，拼摆出草莓，用黑芝麻装饰成形；

3. 将胡萝卜修成拼摆柿子的坯料，用拉刀法切成薄片，拼摆出柿子，用咸菜刻出柿子蒂，装饰成形；

4. 青萝卜修成拼摆杨桃的坯料，用拉刀法切成薄片，将切好的薄片贴在杨桃坯料上，拼摆出杨桃，用青萝卜刻出杨桃的蒂，装饰成形；

5. 将南瓜修成拼摆香蕉的坯料，用拉刀法切成薄片，将切好的薄片贴在香蕉坯料上，拼摆出香蕉，用南瓜雕刻出香蕉的蒂，装饰成形；

6. 将青萝卜、心里美萝卜修成拼摆火龙果的坯料，用拉刀法切成薄片，心里美萝卜和青萝卜交错拼摆成火龙果；

7. 将拼好的各种水果摆入盘中组合成型，用白萝卜刻出花托，将心里美萝卜坯料放入白醋浸泡十分钟，浸泡好的心里美萝卜用拉刀法切片，轻拍成扇形，固定在底座上，做出第一片花瓣，用同样的方法，做出第一层五片花瓣；用同样的方法，做出第二层花瓣，放上花心即成；

8. 用方火腿、黄瓜、红肠、火腿肠等拼摆出假山石，放上拼摆好的花卉，拼摆完成。

操作关键：

1. 雕刻物件要精致、细心；

2. 澄粉要烫透，保持黏软；

3. 拼摆时要细致、形象。

制作图解

1 用烫好的澄粉塑出水果的大形

2 将心里美萝卜修成拼摆草莓的坯料，用拉刀法切成薄片

3 拼摆出草莓的一部分

4 拼摆出草莓

5 用黑芝麻装饰成形

6 将胡萝卜修成拼摆柿子的坯料

7 用拉刀法切成薄片

8 拼摆出柿子的一部分

9 柿子拼摆完成

10 用黑咸菜刻出柿子蒂

11 装饰成形

12 青萝卜修成拼摆杨桃的坯料，用拉刀法切成薄片

13 将切好的薄片贴在杨桃坯料上，拼摆出杨桃的一部分

14 用青萝卜刻出杨桃的蒂

15 杨桃拼摆完成

16 用南瓜雕刻出香蕉的蒂

17 将南瓜修成拼摆香蕉的坯料

18 切成薄片

19 拼摆出香蕉的一部分

20 香蕉拼摆完成

21 将青萝卜、心里美萝卜修成拼摆火龙果的坯料

22 用拉刀法切成薄片

23 拼摆出火龙果的一部分

24 将心里美萝卜切成薄片，继续拼摆

25 心里美萝卜和青萝卜交错拼摆

26 火龙果拼摆完成

27 将拼好的各种水果摆入盘中组合成形

28 用白萝卜刻出花托

29 心里美放入白醋浸泡十分钟

30 浸泡好的心里美萝卜用拉刀法切片，轻拍成扇形

31 固定在底座上，做出第一片花瓣

32 用同样的方法，做出第一层五片花瓣

③③ 做出第二层花瓣，放上花心即成

③④ 拼摆出假山石，放上拼摆好的花卉，拼摆完成

—成品特点—

❀ 图案生动形象　　　❀ 造型美观

实训3　秋实

原　　料：大白萝卜、胡萝卜、青萝卜、心里美萝卜、方火腿、黄瓜、红肠、澄粉等

餐　　具：30厘米×40厘米长方形白瓷盘

工　　具：菜刀、菜墩、雕刻工具等

制作过程：

1. 用烫好的澄粉塑出两个大小不同的南瓜坯；

2. 取一块青萝卜刻出南瓜蒂的坯形，细刻出南瓜蒂；

3. 将胡萝卜修成拼摆南瓜的坯料，用拉刀法切成薄片，拼摆出南瓜的一部分；然后将心里美萝卜切成薄片，拼摆出第二部分；

4. 将胡萝卜和心里美萝卜交错拼摆在坯料的一侧；南瓜拼摆完成，放上刻好的南瓜蒂；

5. 用青萝卜刻出南瓜叶的底，用拉刀法将青萝卜切成薄片，拼摆在底托上；拼摆出一侧的叶子，拼摆出南瓜叶；

6. 将拼好的南瓜和南瓜叶拼摆在盘中，点缀；

7. 用黄瓜拼出假山石，用红肠逐个拼出山石，继续拼摆，假山山石拼摆完成；

8. 拼摆完成。

操作关键：

1. 雕刻物件要精致、细心；

2. 澄粉要烫透，保持黏软；

3. 拼摆时要细致、形象。

1 用烫好的澄粉塑出两个大小不同的南瓜

2 取一块青萝卜刻出南瓜蒂的坯形

3 细刻出南瓜蒂

4 将胡萝卜和青萝卜修成拼摆南瓜的坯料

5 用拉刀法切成薄片

6 拼摆出南瓜的一部分

7 心里美萝卜切成薄片，拼摆出第二部分

8 将胡萝卜和心里美萝卜交错拼摆在坯料的一侧

9 南瓜拼摆完成

10 放上刻好的南瓜蒂

11 用同样的方法，将胡萝卜、青萝卜、心里美切成薄片，贴在南瓜的一侧

12 南瓜拼摆完成

13 放上刻好的南瓜蒂

14 用青萝卜刻出南瓜叶的底座

15 用拉刀法将青萝卜切成薄片，拼摆在底托上

16 拼摆出一侧的叶子

17 拼摆出南瓜叶

18 将拼好的南瓜和南瓜叶拼摆在盘中点缀

19 用黄瓜拼出假山石

20 用红肠逐个拼出山石

21 继续拼摆

22 假山山石拼摆完成

23 拼摆完成

—— 成品特点 ——

🌲 图案生动形象

🌲 造型美观

扩展提升 --

通过以上几种花色拼盘的制作，掌握各种其他类拼盘的基本技能，为进一步做好其他类花色拼盘打下基础；通过对这些拼盘的制作，使制作者掌握刀工处理、形状搭配、色彩协调等技能，使花色拼盘更加美观、生动、协调，给人以美的享受。

思考题 --

1. 如何构思蔬果类花色拼盘的造型？

2. 如何进行蔬果类花色拼盘的垫底？

3. 在选用蔬果类花色拼盘原料时应注意什么？

4. 如何保证蔬果类花色拼盘的色彩搭配？

5. 自己设计一个蔬果类花色拼盘，进行制作实验。

任务 3 花草类造型拼盘实训

🍳 任务要求

1. 预习本次内容，查找相关资料；

2. 根据教师讲解及示范，掌握相近的花色拼盘造型；

3. 学生根据要求动手实践，加强动手能力，写出实训报告；

4. 教师根据学生作品，给予考核评价。

🍲 任务资料及设备

1. 相关知识和参考资料；

2. 实训设备：刀具、菜墩、餐具等；

3. 实训原料：不同品种，实训原料不同，详见实训品种。

任务实施

实训1　风景花卉

原　料：大白萝卜、心里美萝卜、青萝卜、黄瓜、鸡肉肠、方腿、红肠、松花肠、澄粉等

餐　具：30厘米×40厘米长方形白瓷盘

工　具：菜刀、菜墩、雕刻工具等

制作过程：

1. 将白萝卜修成圆柱形，雕刻成花心，修成一头尖形；用同样的手法，修成两种大小不同的花心；

2. 将胡萝卜和心里美萝卜修出花瓣的坯形，胡萝卜用拉刀法切成薄片，保持原料整齐不散，用刀轻拍成扇形，挤上沙拉酱，贴在刻好的花心上，同样方法拼摆第二片花瓣，直至花朵拼摆完成；

3. 用白萝卜刻出花托，将心里美萝卜放入白醋浸泡十分钟，将浸泡好的心里美萝卜用拉刀法切片，轻拍成扇形，固定在底座上，做出第一片花瓣，用同样的方法，做出第一层五片花瓣，放上花心即成；

4. 白萝卜修出叶托，将黄瓜切薄片，拼摆在叶托上；

5. 将红肠、黄瓜、青萝卜、鸡肉肠、方腿等原料拼摆山石，用松花肠雕刻假山，将拼摆完成的山石摆入盘中；

6. 再用白萝卜片成片，卷入胡萝卜丝做成萝卜卷，切成马蹄刀，拼摆出花形；

7. 青萝卜用刻刀雕刻出小草，将小草和刻好的假山点缀在山石周围；

8. 将拼好的花卉摆在盘中，拼摆完成。

操作关键：

1. 拼摆花瓣时要细致，拼摆均匀；

2. 刀工要精细；

3. 摆放要协调。

制作图解

1 准备原料

2 将白萝卜修成圆柱形

3 雕刻成花心

4 修成一头尖形

5 用同样的手法，修成两种大小不同的花心

6 将胡萝卜和心里美萝卜修出花瓣的坯形

7 胡萝卜用拉刀法切成薄片，保持原料整齐不散

8 用刀轻拍成扇形

9 挤上沙拉酱

10 贴在刻好的花心上

11 如图展示

12 拼摆第二片花瓣

13 花朵拼摆完成

14 用白萝卜刻出花托

15 将心里美放入白醋浸泡十分钟

16 将浸泡好的心里美萝卜用拉刀法切片，轻拍成扇形

17 固定在底座上，做出第一片花瓣

18 用同样的方法，做出第一层五片花瓣

19 做出第二层花瓣，放上花心即成

20 白萝卜修出叶托，如图

21 将黄瓜切薄片，拼摆在叶托上

22 将红肠切片，拼摆出山石的形状

23 黄瓜，青萝卜，鸡肉肠，方腿等原料继续拼摆完山石

24 用松花肠雕刻假山

25 将拼摆完成的山石摆入盘中，再用白萝卜片，卷入胡萝卜丝做成萝卜卷，切成马蹄刀，拼摆成形，装饰

26 青萝卜画出小草形状

27 用刻刀雕刻出小草

28 小草雕刻完成

29 将小草和刻好的假山点缀在山石周围

30 将拼好的花卉摆在盘中

31 拼摆完成

—— 成品特点 ——

🌳 形状美观

🌳 色彩鲜艳

🌳 造型别致

实训2　鸟语花香

原　　料：青萝卜、心里美萝卜、胡萝卜、南瓜、方火腿、黄瓜、红肠、琼脂糕、蛋黄糕、蛋白糕、沙拉酱等

餐　　具：30厘米×40厘米长方形白瓷盘

工　　具：菜刀、菜墩、雕刻工具等

制作过程：

1. 青萝卜带皮，修成一头尖的坯料；

2. 用白萝卜刻成芭蕉叶的托，将青萝卜拉出薄片，拼摆在叶托上，拼摆出一侧叶片，再拼摆出另一侧的叶子；

3. 胡萝卜用拉刀法切成薄片，保持原料整齐不散，用刀轻拍成扇形，挤上沙拉酱，贴在刻好的花心上，拼出第一片花瓣，继续拼摆到六片花瓣即可；

4. 取一块胡萝卜修成三角形，刻出鸟头的轮廓，刻出鸟嘴和眼睛，细雕成型；

5. 取胡萝卜修成薄片，刻出鸟爪的轮廓，细雕成型；

6. 用琼脂糕刻出鸟尾，用同样的方法刻出两条不同的鸟尾，用拉刀刻出尾羽；

7. 用澄粉塑成鸟的身体，摆上鸟尾，将蛋白糕、胡萝卜、心里美、青萝卜修成拼摆羽毛的坯形，将原料拉成薄片，贴在鸟的身体上，用同样的方法拼摆成多层的羽毛，拼摆出两个翅膀；

8. 用同样的方法拼摆另一只鸟的身体，用胡萝卜，蛋白糕、心里美用拉刀法切片拼摆出三层翅膀形状，拼摆在鸟的身体上；

9. 将鸟头固定，拼摆完成，用黄瓜、蛋黄糕、蛋白糕、方火腿、心里美、青萝卜、琼脂糕拼摆出假山，用小草和花卉点缀，拼摆完成。

操作关键：

1. 坯料要修整象形，美观；

2. 拼摆花瓣要细致；

3. 色彩搭配要合理。

制作图解

1 青萝卜带皮，修成一头尖的坯料

2 用白萝卜刻成芭蕉叶的托，将青萝卜拉出薄片，拼摆在叶托上

3 拼摆出一侧叶片

4 拼摆出另一侧的叶子

5 胡萝卜用拉刀法切成薄片，保持原料整齐不散　　6 用刀轻拍成扇形

7 挤上沙拉酱　　8 贴在刻好的花心上

9 拼出第一片花瓣　　10 拼摆出第二片花瓣

11 拼摆出六片花瓣即可　　12 取一块胡萝卜修成三角形

13 刻出鸟头的轮廓　　14 刻出鸟的嘴和眼睛

15 细雕成形

16 取胡萝卜修成薄片

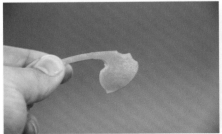

17 刻出鸟爪的轮廓

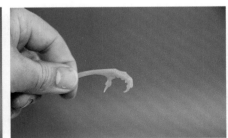

18 细雕成形

19 用琼脂糕刻出鸟尾

20 用同样的方法刻出两条不同的鸟尾

21 用拉刀刻出尾羽

22 用澄粉塑成鸟的身体，摆上鸟尾

23 将蛋白糕、胡萝卜、心里美、青萝卜、修成拼摆羽毛的坯形

24 将原料拉成薄片，贴在鸟的身体上

25 用同样的方法拼摆成多层的羽毛

26 拼摆出两个翅膀

27 用同样的方法拼摆另一只鸟的身体

28 用拉刀法将胡萝卜、蛋白糕、心里美切片拼摆出三层翅膀形状

29 拼摆在鸟的身体上

30 翅膀拼摆完成

31 将鸟头固定，拼摆完成

32 用黄瓜、蛋黄糕、蛋白糕、方火腿、心里美、青萝卜、琼脂糕拼摆出假山，用小草和花卉点缀

33 拼摆完成

—— 成品特点 ——

🍁 造型美观

🍁 色彩鲜艳

扩展提升

通过以上几种花草类花色拼盘的制作，掌握各种其他类拼盘的基本技能，为进一步做好其他类花色拼盘打下基础；通过对这些拼盘的制作，使制作者掌握刀工处理、形状搭配、色彩协调等技能，使花色拼盘更加美观、生动、协调，给人以美的享受。

思考题

1. 如何构思各种花草类的造型？
2. 如何进行花草类花色拼盘的垫底？
3. 在选用花草类花色拼盘原料时应注意什么？
4. 如何保证花草类花色拼盘的色彩搭配？
5. 自己设计一个花草类花色拼盘，进行制作实验。

任务 4　山水类造型拼盘实训

🍳 任务要求

1. 预习本次内容，查找相关资料；

2. 根据教师讲解及示范，掌握相近的花色拼盘造型；

3. 学生根据要求动手实践，加强动手能力，写出实训报告；

4. 教师根据学生作品，给予考核评价。

🍲 任务资料及设备

1. 相关知识和参考资料；

2. 实训设备：刀具、菜墩、餐具等；

3. 实训原料：不同品种，实训原料不同，详见实训品种。

任务实施

实训1　山水湖色

原　料：胡萝卜、青萝卜、白萝卜、黄瓜、红肠、蛋白糕、松花肠、熏肠、琼脂、白糖、核桃仁等

餐　具：30厘米×40厘米长方形白瓷盘

工　具：菜刀、菜墩、雕刻工具等

制作过程：

1. 白糖加水放入锅内熬化，加入核桃仁翻炒，在盘中将核桃仁拼摆成假山型；

2. 胡萝卜修成方形，用U型刀刻出亭子的四角，然后刻出亭子的轮廓，再刻出亭子的四根柱子，细雕成形；

3. 胡萝卜修成五棱形，刻出五层宝塔的轮廓，用U型刀刻出宝塔的

瓦楞，细雕成形；

    4. 琼脂熬化，加入菜汁拌匀，倒入盘中摊平；

    5. 萝卜修成半圆形拱状，刻成三孔桥，细雕出桥的石块；

    6. 青萝卜切条修成桥柱的边条，再用青萝卜雕刻成小草，青萝卜皮刻出云的形状摆入盘中；

    7. 方腿切成长方形的薄片，拼摆在拱桥上，摆上桥柱边；

    8. 青萝卜切成薄片，拼摆出假山石，用松花肠、熏肠继续拼摆假山石，假山拼摆完成；

    9. 黄瓜和红肠切成薄片拼摆出另一个假山石；

    10. 将所有原料组合摆入盘中，拼摆完成。

操作关键：

    1. 坯料要修整象形，美观；

    2. 拼摆花瓣要细致；

    3. 色彩搭配要合理。

制作图解

1 准备原料

2 制作假山原料

3 白糖加水放入锅内熬化，加入核桃仁翻炒

4 将核桃仁拼摆成假山形

5 假山拼摆完成

6 胡萝卜修成方形

7　用U型刀刻出亭子的四角

8　刻出亭子的轮廓

9　刻出亭子的四根柱子

10　细雕成形

11　胡萝卜修成五棱形

12　刻出五层宝塔的轮廓

13　用U型刀刻出宝塔的瓦楞，细雕成形

14　琼脂熬化，加入菜汁拌匀，倒入盘中摊平

15　萝卜修成半圆形拱状

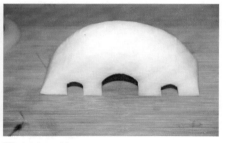

16　刻成三孔桥

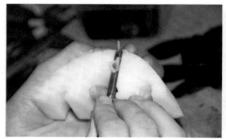

17 细雕出桥的石块

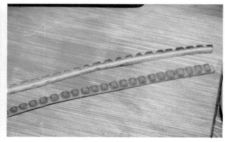

18 青萝卜切条修成桥柱的边条

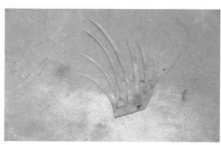

19 青萝卜雕刻成小草

20 青萝卜皮刻出云的形状摆入盘中

21 方火腿切成长方形的薄片

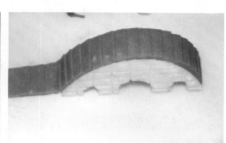

22 拼摆在拱桥上

23 摆上桥柱边

24 青萝卜切成薄片，拼摆出假山石

25 继续拼摆假山石

26 假山拼摆完成

27 黄瓜切成薄片拼摆出假山石

28 将黄瓜和红肠拼摆出小山石

29 将所有原料组合摆入盘中，拼摆完成

—— 成品特点 ——

🌳 造型美观

🌳 色彩鲜艳

实训2　山水

原　料：大白萝卜、青萝卜、胡萝卜、方火腿、黄瓜、红肠、蛋白糕、松花肠、熏肠、琼脂等

餐　具：30厘米×40厘米长方形白瓷盘

工　具：菜刀、菜墩、雕刻工具等

制作过程：

1. 用青萝卜刻出小草，青萝卜皮刻出祥云；

2. 将琼脂熬化，加入菜汁拌匀，倒入盘中，将刻好的小鱼摆入琼脂盘中凝固；

3. 用胡萝卜刻出两朵荷叶，白萝卜切成薄片，拼摆出假山，再用青萝卜和方火腿拼摆出假山石；

4. 用红肠、蛋白糕、松花肠、熏肠等继续拼出另一座假山石，用果酱画出假山的远景线条；

5. 摆上刻好的小草，拼摆完成。

操作关键：

1. 坯料要修整象形，美观；

2. 拼摆花瓣要细致；

3. 色彩搭配要合理。

1 准备原料

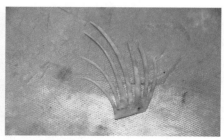

2 青萝卜刻出小草

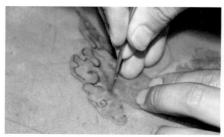

3 青萝卜皮刻出祥云

4 刻好的祥云摆入盘中

5 将琼脂熬化，加入菜汁拌匀，倒入盘中

6 将刻好的小鱼摆入琼脂盘中凝固

7 刻出两朵荷叶

8 白萝卜切成薄片，拼摆出假山石

9 青萝卜和方火腿拼摆出假山石

10 假山拼摆完成

11 继续拼出另一座假山石

12 用果酱画出假山的远景

13 摆上刻好的小草,拼摆完成

—— 成品特点 ——

🌳 造型美观

🌳 色彩鲜艳

扩展提升

通过以上几种山水类花色拼盘的制作,掌握各种其他类拼盘的基本技能,为进一步做好其他类花色拼盘打下基础;通过对这些拼盘的制作,使制作者掌握刀工处理、形状搭配、色彩协调等技能,使花色拼盘更加美观、生动、协调,给人以美的享受。

思考题

1. 如何构思山水其他类的造型?

2. 如何进行山水类花色拼盘的垫底?

3. 在选用山水类花色拼盘原料时应注意什么?

4. 如何保证山水类花色拼盘的色彩搭配?

5. 自己设计一个山水类花色拼盘,进行制作实验。

鱼虫类造型拼盘实训

🧑‍🍳 任务要求

1. 预习本次内容，查找相关资料；

2. 根据教师讲解及示范，掌握相近的花色拼盘造型；

3. 学生根据要求动手实践，加强动手能力，写出实训报告；

4. 教师根据学生作品，给予考核评价。

🍲 任务资料及设备

1. 相关知识和参考资料；

2. 实训设备：刀具、菜墩、餐具等；

3. 实训原料：不同品种，实训原料不同，详见实训品种。

任务实施

实训1　金鱼

原　料：心里美萝卜、青萝卜、胡萝卜、方火腿、蛋白糕、琼脂糕等

餐　具：30厘米×40厘米长方形白瓷盘

工　具：菜刀、菜墩、雕刻工具等

制作过程：

1. 用青萝卜刻出两个荷叶的底托，修出拼摆荷叶的坯料，用刀拉切成片，拼摆出荷叶的一部分，拼成荷叶；用同样的方法拼出两朵大小不同的荷叶；

2. 青萝卜皮画出荷叶的轮廓，用刻刀修出荷叶的轮廓，拉出荷叶的叶纹，做出三朵大小不同的荷叶；

3. 用青萝卜刻出荷花的花托，蛋白糕修成拼摆荷花的坯料，用拉刀法切成薄片，在每一片的顶部染上食用色素，用手轻搓成花瓣，固定在叶托上，依次拼出第一层花瓣，同样方法拼出第二层花瓣，用胡萝卜和青萝卜刻成荷花花心，放在花瓣中间，拼出一朵小荷花，用同样的方法，将心里美和青萝卜拼出另一朵荷花；

4. 将拼出的荷花放在盘中组合成形；

5. 取一块胡萝卜修成三角形，雕刻出金鱼的头部大型，雕刻出鱼嘴，细雕成形；

6. 用烫好的澄粉塑出金鱼的身体；

7. 将青萝卜皮片成薄片，胡萝卜切成条，卷成卷，胡萝卜切成薄片，拼出四片金鱼的尾巴；

8. 将萝卜卷切成薄片，拼摆出金鱼的身体，拼摆出鱼鳍，继续用萝卜卷拼摆金鱼的身体，完成金鱼拼摆，用同样的方法拼出另一条金鱼；

9. 用青萝卜、火腿、蛋白糕，琼脂糕拼出假山的山石，山石组合后，用小草装饰，拼摆完成。

操作关键：

1. 坯料要修整象形，美观；

2. 拼摆花瓣要细致；

3. 色彩搭配要合理。

──── 制作图解 ────

1 用青萝卜刻出两个荷叶的底托

2 青萝卜修出拼摆荷叶的坯料

3 青萝卜用刀拉切成片，拼摆出荷叶的一部分

4 拼出荷叶

5 用同样的方法拼出两朵大小不同的荷叶

6 青萝卜皮画出荷叶的轮廓

7 用刻刀修出荷叶的轮廓

8 拉出荷叶的叶纹，做出三朵大小不同的荷叶

9 用青萝卜刻出荷花的花托

10 将蛋白糕修成拼摆荷花的坯料，用拉刀法切成薄片

11 在每一片的顶部染上食用色素

12 用手轻搓成花瓣

13 固定在叶托上

14 依次拼出三片花瓣

15 拼出第一层花瓣

16 拼出第二层花瓣

17 用胡萝卜和青萝卜刻成荷花花心，放在花瓣中间

18 继续拼出一朵小荷花

19 用同样的方法，将心里美和青萝卜拼出一朵荷花

20 将拼出的荷花放在盘中组合成形

21 取一块胡萝卜修成三角形

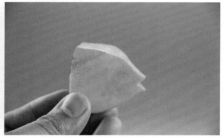

22 雕刻出金鱼的头部大形，雕刻出鱼嘴

23 细雕成形

24 用烫好的澄粉塑出金鱼的身体

25 将青萝卜皮片成薄片，胡萝卜切成条

26 卷成卷

27 胡萝卜切成薄片。拼摆出金鱼的尾巴

28 拼出四片金鱼的尾巴

29 将萝卜卷切成薄片，拼摆出金鱼的身体

30 拼摆出鱼鳍

31 继续用萝卜卷拼摆金鱼的身体

32 金鱼拼摆完成

33 用同样的方法拼出另一条金鱼

34 用青萝卜、方火腿、蛋白糕、琼脂糕拼出假山的山石

121

项目三
冷拼制作技艺
与综合实训

35 山石组合后，用小草装饰　　　　36 拼摆完成

—成品特点—

❀ 造型美观　　　❀ 色彩鲜艳

实训2　蝶恋花

原　料：大白萝卜、青萝卜、心里美萝卜、胡萝卜、方火腿、黄瓜、红肠、蛋白糕、黑琼脂糕、黄琼脂糕、澄粉等

餐　具：30厘米×40厘米长方形白瓷盘

工　具：菜刀、菜墩、雕刻工具等

制作过程：

1. 用白萝卜刻出花托；

2. 将胡萝卜修成拼摆牡丹花的坯料，用刀拉切成片，轻拍成薄片，做出花瓣的坯面，固定在底座上，拼摆出五瓣两层的牡丹花；

3. 用黄瓜、蛋白糕、胡萝卜、红肠、方火腿、黑琼脂糕、黄琼脂糕拼摆出假山山石，摆入盘中；

4. 把拼摆好的牡丹花放入盘中，用青萝卜刻出叶子和小草装饰；

5. 用烫好的澄粉塑出蝴蝶的身体，心里美萝卜切成薄片，拼摆出蝴蝶翅膀的第一层，用蛋白糕切成薄片，拼摆出蝴蝶翅膀的第二层，用青萝卜拼摆出蝴蝶的身体及第三层；

6. 用同样的方法拼出两只蝴蝶摆入盘中，拼摆完成。

操作关键：

1. 坯料要修整象形，美观；

2. 拼摆花瓣要细致；

3. 色彩搭配要合理。

1 用白萝卜刻出花托

2 将胡萝卜修成拼摆牡丹花的坯料

3 用刀轻拍成薄片，做出花瓣的坯面

4 固定在底座上，拼摆出五瓣两层的牡丹花

5 用黄瓜、胡萝卜、蛋白糕、火腿、黑琼脂糕、黄琼脂糕拼摆出假山山石，摆入盘中

6 把拼摆好的牡丹花放入盘中，用青萝卜刻出叶子和小草装饰

7 用烫好的澄粉塑出蝴蝶的身体

8 心里美萝卜切成薄片，拼摆出蝴蝶翅膀的第一层

9 用蛋白糕切成薄片，拼摆出蝴蝶翅膀的第二层，用青萝卜拼摆出蝴蝶的身体

10 用同样的方法拼出两只蝴蝶摆入盘中，拼摆完成

—成品特点—

◆ 造型美观　　　◆ 色彩鲜艳

扩展提升

通过以上几种花色拼盘的制作，掌握各种其他类拼盘的基本技能，为进一步做好其他类花色拼盘打下基础；通过对这些拼盘的制作，使制作者掌握刀工处理、形状搭配、色彩协调等技能，使花色拼盘更加美观、生动、协调，给人以美的享受。

思考题

1. 如何构思各种鱼虫类的造型？

2. 如何进行鱼虫类花色拼盘的垫底？

3. 在选用鱼虫类花色拼盘原料时应注意什么？

4. 如何保证鱼虫类花色拼盘的色彩搭配？

5. 自己设计一个鱼虫类花色拼盘，进行制作实验。

任务 6

禽鸟类造型拼盘实训

🍄 任务要求

1. 预习本次内容，查找相关资料；

2. 根据教师讲解及示范，掌握相近的花色拼盘造型；

3. 学生根据要求动手实践，加强动手能力，写出实训报告；

4. 教师根据学生作品，给予考核评价。

🍲 任务资料及设备

1. 相关知识和参考资料；

2. 实训设备：刀具、菜墩、餐具等；

3. 实训原料：不同品种，实训原料不同，详见实训品种。

---- 任务实施 ----

实训1 孔雀开屏

原 料：胡萝卜、心里美萝卜、青萝卜、方火腿、黄瓜、松花肠、火腿肠、蛋白糕、红樱桃、澄粉等

餐 具：30厘米×40厘米长方形白瓷盘

工 具：菜刀、菜墩、雕刻工具等

制作过程：

1. 将胡萝卜修成厚片，用笔画出孔雀的头、嘴和脖子，雕刻出孔雀的轮廓，细雕成形，雕出凤冠和羽毛；

2. 取一块胡萝卜雕刻孔雀的爪子，用同样的方法雕刻孔雀的两只爪子；

3. 用烫好的澄粉塑出孔雀的大形，插上孔雀爪子，雕刻出孔雀的

翅膀，再将头部和翅膀固定，用胡萝卜雕刻出孔雀的小羽，并固定在孔雀的身体两侧；

4. 青萝卜修成一头尖的形状，用于拼摆孔雀的尾羽，用刀将坯料拉出薄片，摆成扇面形，用沙拉酱固定在孔雀的身体上，从后至前直至尾羽拼摆完成；

5. 用蛋白糕、红樱桃修成圆形，点缀在尾羽上；

6. 用胡萝卜、蛋白糕、心里美和萝卜卷拼摆出孔雀的翅膀，用胡萝卜片拼出孔雀身体的羽毛；

7. 用不同的原料，拼摆出假山，拼摆完成。

操作关键：

1. 坯料要修整象形，美观；

2. 拼摆羽毛要细致；

3. 色彩搭配要合理。

――――――――――― 制作图解 ―――――――――――

1 准备原料

2 将原料修成厚片

3 用笔画出孔雀的头、嘴和脖子

4 雕刻出孔雀的轮廓

5 细雕成形

6 雕出凤冠和羽毛

7 取一块胡萝卜雕刻孔雀的爪子

8 雕刻出爪子的轮廓

9 细雕成形

10 用同样的方法雕刻成孔雀的两只爪子

11 用烫好的澄粉塑出孔雀的大形，插上孔雀爪子

12 雕刻出孔雀的翅膀，再将头部和翅膀固定

13 用胡萝卜雕刻出孔雀的小羽，并固定在孔雀的身体两侧

14 青萝卜修成一头尖的形状，用于拼摆孔雀的尾羽

15 用刀将坯料拉出薄片，摆成扇面形

16 用沙拉酱固定在孔雀的身体上

17 从后至前直至尾羽拼摆完成

18 红樱桃修成圆形，点缀在尾羽上

19 拼摆好的尾羽图展示

20 用胡萝卜、蛋白糕、心里美和萝卜卷拼
摆出孔雀的翅膀

21 用胡萝卜片拼出孔雀身体的羽毛

22 孔雀拼摆效果

23 用不同的原料，拼摆出假山，拼摆完成

—成品特点—

🌳 造型美观　　🌳 色彩鲜艳

实训2　锦鸡

　　原　料：胡萝卜、大白萝卜、心里美萝卜、南瓜、青萝卜、方火腿、黄瓜、松花肠、火腿肠、琼脂糕、澄粉等

　　餐　具：30厘米×40厘米长方形白瓷盘

　　工　具：菜刀、菜墩、雕刻工具等

　　制作过程：

　　1．用烫好的澄粉塑出芭蕉叶、花卉和锦鸡的身体；

　　2．青萝卜带皮，修成一头尖的坯料，将白萝卜刻成芭蕉叶的托，用青萝卜切成薄片，拼摆在叶托上，拼摆出一侧叶片，再拼摆出另一侧的叶子；

　　3．将白萝卜修成圆柱形，修成一头尖的花心形状，用同样的手法，修成两种大小不同的花心；

　　4．取一块胡萝卜，用刀修成长梯形，用拉刀法拉切原料，保持原料整齐不散，用刀轻拍成扇形，挤上沙拉酱，贴在刻好的花心上，拼出第一片花瓣，用同样的方法拼摆出六层花瓣；

　　5．将做出的芭蕉叶和花卉放在盘中拼摆好；

　　6．取一段南瓜，修成方形，画出锦鸡头部的轮廓，雕刻出锦鸡的嘴、眼和头部的羽毛，细雕成形；

　　7．用青萝卜和胡萝卜做成萝卜卷，切成薄片，拼摆在锦鸡的颈部，将琼脂糕修成细条形，用拉刀刻出尾羽，用同样的方法做出五片锦鸡的尾羽，将尾羽固定在锦鸡的身体上，固定锦鸡的头部；

　　8．取胡萝卜一块，画出锦鸡爪子的轮廓，雕刻出腿爪，细雕成形；

　　9．将刻好的爪子固定在锦鸡的身体上，青萝卜切成细条，拼摆在锦鸡的尾羽上部；

　　10．将蛋白糕、青萝卜、胡萝卜、心里美萝卜修成拼摆锦鸡的坯料，用拉刀法切成薄片，用手碾成薄片，做成锦鸡的羽毛，拼摆在锦鸡的尾部，继续拼摆，中间放上另一只爪子，继续拼摆完成；

　　11．用不同的原料，在锦鸡下面拼摆出假山，用小草装饰，再拼摆出锦鸡的翅膀，贴上锦鸡的背羽，完成拼摆。

　　操作关键：

　　1．坯料要修整象形，美观；

　　2．拼摆羽毛和假山要细致；

　　3．色彩搭配要合理。

1 准备原料

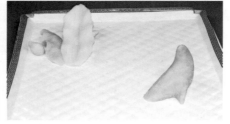

2 用烫好的澄粉，塑出芭蕉叶、花卉和锦鸡的身体

3 青萝卜带皮，修成一头尖的坯料

4 将白萝卜刻成芭蕉叶的托，用青萝卜切成薄片，拼摆在叶托上

5 拼摆出一侧叶片

6 拼摆出另一侧的叶子

7 将白萝卜修成圆柱形

8 雕刻成花心

9 修成一头尖的形状

10 用同样的手法，修成两种大小不同的花心

11 取一块胡萝卜

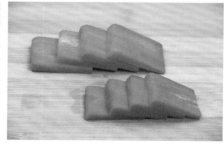

12 用刀修成长梯形

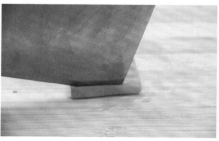

13 胡萝卜用拉刀法切出原料，保持原料整齐不散

14 用刀轻拍成扇形

15 挤上沙拉酱

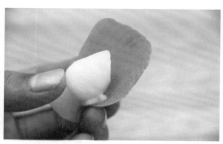

16 贴在刻好的花心上

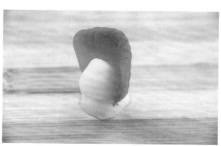

17 拼出第一片花瓣

18 拼摆第二片花瓣

19 用同样的方法拼摆出六层花瓣即可

20 将做出的芭蕉叶和花卉放在盘中拼摆好

21 取一段南瓜，修成方形

22 画出锦鸡头部的轮廓

23 雕刻出锦鸡的嘴

24 雕刻锦鸡的眼睛

25 雕刻出锦鸡头部的绒毛

26 细雕成形

27 用青萝卜和胡萝卜做成萝卜卷，切成薄片，拼摆在锦鸡的颈部

28 将琼脂糕修成细条形

29 用拉刀刻出尾羽

30 用同样的方法做出五片锦鸡的尾羽

31 将尾羽放在盘子固定在锦鸡的身体上

32 固定锦鸡的头部

33 画出锦鸡爪子的轮廓

34 取一块胡萝卜

35 雕刻出腿部

36 细雕成形

37 将刻好的爪子固定在锦鸡的身体上，青萝卜切成细条，拼摆在锦鸡的尾羽上部

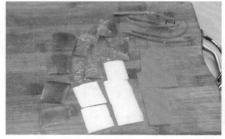

38 将蛋白糕、胡萝卜、心里美萝卜修成拼摆锦鸡的坯料

39 胡萝卜用拉刀法切成薄片，用手碾成薄片，做成锦鸡的羽毛

40 拼摆在锦鸡的尾部

41 第一层拼摆完成

42 继续拼摆

43 放上锦鸡的另一只爪子，继续拼摆锦鸡
的身体

44 用黄瓜拼出假山石

45 继续拼摆假山石

46 假山石拼摆好，用小草装饰

47 拼摆出锦鸡的翅膀，贴上锦鸡的背羽

48 锦鸡拼摆完成

49 锦鸡拼摆展示

50 拼摆完成

—成品特点—

◆ 造型美观　　　◆ 色彩鲜艳

扩展提升 --

通过以上几种花色拼盘的制作，掌握各种其他类拼盘的基本技能，为进一步做好其他类花色拼盘打下基础；通过对这些拼盘的制作，使制作者掌握刀工处理、形状搭配、色彩协调等技能，使花色拼盘更加美观、生动、协调，给人以美的享受。

思考题 --

1. 如何构思各种禽鸟类的造型？
2. 如何进行禽鸟类花色拼盘的垫底？
3. 在选用禽鸟类花色拼盘原料时应注意什么？
4. 如何保证禽鸟类花色拼盘的色彩搭配？
5. 自己设计一个禽鸟类花色拼盘，进行制作实验。

7 任务

兽类造型拼盘实训

任务要求

1. 预习本次内容，查找相关资料；

2. 根据教师讲解及示范，掌握相近的花色拼盘造型；

3. 学生根据要求动手实践，加强动手能力，写出实训报告；

4. 教师根据学生作品，给予考核评价。

任务资料及设备

1. 相关知识和参考资料；

2. 实训设备：刀具、菜墩、餐具等；

3. 实训原料：不同品种，实训原料不同，详见实训品种。

任务实施

实训1　雄狮

原　料： 大白萝卜、胡萝卜、方火腿、黄瓜、松花肠、火腿肠、蛋白糕、澄粉等

餐　具： 30厘米×40厘米长方形白瓷盘

工　具： 菜刀、菜墩、雕刻工具等

制作过程：

1. 取一块胡萝卜，修成三角形，刻出狮子的头部轮廓，刻出狮子的眼睛，细雕出狮子头部的鬃毛和胡须，完成头部雕刻；

2. 用烫好的澄粉塑出狮子的身体；

3. 用胡萝卜刻出狮子的尾巴和爪子；

4. 胡萝卜修成狮子身体的坯料，用刀拉成薄片，拼摆在狮子的身

体上，装上狮头，完成狮子拼摆；

5. 用白萝卜刻出花托，将胡萝卜修成拼摆牡丹花的坯料，用刀拉切成片，轻拍成薄片，做出花瓣的坯面，固定在底座上，拼摆出五瓣两层的牡丹花；

6. 用不同的原料，拼摆出假山，牡丹花放入盘中组合，拼摆完成。

操作关键：

1. 坯料要修整象形，美观；

2. 拼摆花瓣要细致；

3. 色彩搭配要合理。

───────── 制作图解 ─────────

1 取一块胡萝卜，修成三角形

2 刻出狮子的头部轮廓

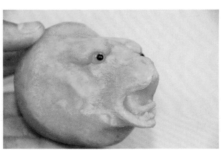

3 刻出狮子的眼睛

4 细雕出狮子头部的鬃毛和胡须，头部雕刻完成

5 用烫好的澄粉塑出狮子的身体

6 刻出狮子的尾巴

7 刻出狮子的爪子

8 将胡萝卜修成狮子身体的坯料，用刀拉成薄片，拼摆在狮子的身体上

9 狮子拼摆完成

10 装饰成形

11 用白萝卜刻出花托

12 将胡萝卜修成拼摆牡丹花的坯料

13 用刀轻拍成薄片，做出花瓣的坯面

14 固定在底座上，拼摆出五瓣两层的牡丹花

15 将假山石、牡丹花放入盘中组合，拼摆完成

—— 成品特点 ——

🌳 造型美观

🌳 色彩鲜艳

实训2　牛

原　料：白萝卜、青萝卜、方火腿、黄瓜、松花肠、火腿肠、胡萝卜、澄粉等

餐　具：30厘米×40厘米长方形白瓷盘

工　具：菜刀、菜墩、雕刻工具等

制作过程：

1. 白萝卜、青萝卜、方火腿、黄瓜、松花肠、火腿肠、修成拼摆假山石的坯料，用刀切成薄片，拼摆出假山石；

2. 青萝卜雕刻成小草，将刻好的小草点缀在假山周围；

3. 用青萝卜皮刻出竹子，将竹子摆在假山周围，假山拼摆完成；

4. 用澄粉塑出牛的身体；

5. 胡萝卜修成一头尖的形状，刻出牛头的轮廓，再刻出牛的眼睛和嘴部，细雕成形，安上眼睛，用胡萝卜刻出两只牛角，粘上牛角，用小块胡萝卜刻出牛的耳朵，牛头雕刻完成；

6. 取一块胡萝卜画出牛尾的形状，雕刻出牛尾；

7. 用胡萝卜刻出牛腿，将刻好的牛尾和牛腿固定在牛的身体上；

8. 将胡萝卜切成薄片，拼摆在牛身体上，牛拼摆完成；

9. 将拼好的牛摆入盘中，拼摆完成。

操作关键：

1. 坯料要修整象形，美观；

2. 拼摆竹子要细致；

3. 色彩搭配要合理。

制作图解

1　准备原料

2　青萝卜修成拼摆假山石的坯料，用刀切成薄片

3 将切好的青萝卜片拼摆出假山石

4 继续拼摆假山石

5 假山石拼摆完成

6 青萝卜雕刻成小草

7 将刻好的小草点缀在假山周围

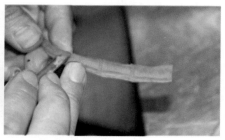

8 用青萝卜皮刻出竹子

9 将竹子摆在假山周围

10 假山拼摆完成

11 用澄粉塑出牛的身体

12 胡萝卜修成一头尖的形状

13 刻出牛头的轮廓

14 刻出牛的眼睛和嘴部

15 细雕成形，安上眼睛

16 用胡萝卜刻出两只牛角

17 粘上牛角

18 用小块胡萝卜刻出牛的耳朵

19 牛头雕刻完成

20 取一块胡萝卜划出牛尾的形状

21 雕刻出牛尾

22 用胡萝卜刻出牛腿

23 将刻好的牛尾和牛腿固定在牛的身体上

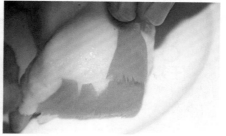

24 将胡萝卜切成薄片，拼摆在牛身体上

25 继续拼摆牛的身体

26 牛拼摆完成

27 将拼好的牛摆入盘中，拼摆完成

—— 成品特点 ——

❧ 造型逼真

❧ 色彩鲜艳

扩展提升

通过以上几种花色拼盘的制作，掌握各种其他类拼盘的基本技能，为进一步做好兽类花色拼盘打下基础；通过对这些拼盘的制作，使制作者掌握刀工处理、形状搭配、色彩协调等技能，使花色拼盘更加美观、生动、协调，给人以美的享受。

思考题

1. 如何构思各种兽类的造型并进行必要的雕刻？

2. 如何进行兽类花色拼盘的垫底？

3. 在选用兽类花色拼盘原料时应注意什么？

4. 如何保证兽类花色拼盘的色彩搭配？

5. 自己设计一个兽类花色拼盘，进行制作实验。

任务 8

寓意类造型拼盘实训

🍄 任务要求

1. 预习本次内容，查找相关资料；

2. 根据教师讲解及示范，掌握相近的花色拼盘造型；

3. 学生根据要求动手实践，加强动手能力，写出实训报告；

4. 教师根据学生作品，给予考核评价。

🍲 任务资料及设备

1. 相关知识和参考资料；

2. 实训设备：刀具、菜墩、餐具等；

3. 实训原料：不同品种，实训原料不同，详见实训品种。

------------------------- 任务实施 -------------------------

实训1　人生五味

原　料：青萝卜、胡萝卜、方火腿、黄瓜、松花肠、火腿肠、蛋白糕、琼脂糕、澄粉、花椒、八角等

餐　具：30厘米×40厘米长方形白瓷盘

工　具：菜刀、菜墩、雕刻工具等

制作过程：

1. 用烫好的澄粉塑出大葱、生姜、大蒜的坯型；

2. 将胡萝卜修成坯料，切成薄片，拼摆出生姜的一部分，直至生姜拼摆完成；

3. 将青萝卜修成坯料，切成薄片，拼摆出大蒜的一部分，直至大蒜拼摆完成；

4. 将蛋白糕切成薄片，拼摆出大葱的葱白部分，用青萝卜切成薄片，拼摆出葱叶，拼出第二片葱叶，用同样的方法拼出两棵大葱；

5. 将拼好的大葱、生姜、大蒜摆在盘中，放上花椒和八角；

6. 用黄瓜、青萝卜、火腿、蛋白糕、琼脂糕拼出假山的山石，山石组合后，用小草装饰，拼摆完成。

操作关键：

1. 坯料要修整象形，美观；

2. 拼摆大葱、生姜、大蒜要细致；

3. 色彩搭配要合理。

———— 制作图解 ————

1 用烫好的澄粉塑出大葱、生姜、辣椒、大蒜的大形

2 将胡萝卜修成坯料，切成薄片，拼摆出生姜的一部分

3 生姜拼摆完成

4 将青萝卜修成坯料，切成薄片，拼摆出大蒜的一部分

5 大蒜拼摆完成

6 将蛋白糕切成薄片，拼摆出大葱的葱白部分

7 用青萝卜切成薄片，拼摆出葱叶

8 拼出第二片葱叶

9 用同样的方法拼出两棵大葱

10 将拼好的大葱、生姜、大蒜摆在盘中，
放上花椒和八角

11 用黄瓜拼摆出山石

12 逐个拼摆

13 拼摆出山石

14 假山拼摆完成，用小草装饰即可

15 拼摆完成

—— 成品特点 ——

🌲 造型美观

🌲 色彩鲜艳

实训2　松鹤延年

原　料： 胡萝卜、方火腿、黄瓜、松花肠、火腿肠、蛋白糕、黑琼脂糕、可可粉、澄粉等

餐　具： 30厘米×40厘米长方形白瓷盘

工　具： 菜刀、菜墩、雕刻工具等

制作过程：

1. 用烫好可可澄面的塑出松树的枝干，黄瓜修成拼摆松叶的坯料，用拉刀法修成薄片，轻拍成型，拼摆出松树的一部分，继续拼摆完成；

2. 用蛋白糕、胡萝卜修成雕刻鹤头部的坯料，固定鹤嘴的位置，细雕成形；

3. 取黑琼脂糕，用刻刀修成鹤尾部的羽毛，刻出多个尾羽；

4. 取一块胡萝卜，画出鹤腿爪的轮廓，雕刻出腿爪，细雕成形，用同样的方法刻出两只爪子；

5. 用烫好的澄粉塑出鹤的身体，放上雕刻好的尾羽；

6. 将蛋白糕修成拼摆鹤身体的坯料，用拉刀法切成薄片，拼摆出鹤的身体，拼摆出鹤的翅膀，鹤拼摆完成；

7. 拼摆出假山石装饰，拼摆完成。

操作关键：

1. 坯料要修整象型，美观；

2. 拼摆松树、仙鹤要细致；

3. 色彩搭配要合理。

制作图解

1 用烫好的可可澄面塑出松树的枝干

2 黄瓜修成拼摆松叶的坯料，用拉刀法修成薄片，轻拍成形

3 拼摆出松树的一部分

4 松树拼摆完成

5 用蛋白糕、胡萝卜修成雕刻鹤头部的坯料

6 固定鹤嘴的位置

7 细雕成形

8 取黑琼脂糕

9 用刻刀修成鹤尾部的羽毛

10 刻出多个尾羽

11 取一块胡萝卜

12 画出鹤爪子的轮廓

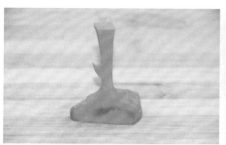

13 雕刻出鹤腿部

14 细雕成形

15 用烫好的澄粉塑出鹤的身体

16 用同样的方法刻出两只爪子

17 放上雕刻好的尾羽

18 将蛋白糕修成拼摆鹤身体的坯料

19 蛋白糕用拉刀法切成薄片，拼摆出鹤的身体

20 拼摆出鹤的翅膀，鹤拼摆完成

21 拼摆出假山石装饰，拼摆完成

—— 成品特点 ——

🍃 造型美观

🍃 色彩鲜艳

扩展提升 --

通过以上花色拼盘的制作，掌握各种其他寓意类拼盘的基本技能，为进一步做好其他类花色拼盘打下基础；通过对这些拼盘的制作，使制作者掌握刀工处理、形状搭配、色彩协调等技能，使花色拼盘更加美观、生动、协调，给人以美的享受。

思考题 --

1. 如何构思各种寓意类的造型？

2. 如何进行寓意类花色拼盘的垫底？

3. 在选用寓意类花色拼盘原料时应注意什么？

4. 如何保证寓意类花色拼盘的色彩搭配？

5. 自己设计一个寓意类花色拼盘，进行制作实验。

任务 9 其他类造型拼盘实训

任务要求

1. 预习本次内容，查找相关资料；

2. 根据教师讲解及示范，掌握相近的花色拼盘造型；

3. 学生根据要求动手实践，加强动手能力，写出实训报告；

4. 教师根据学生作品，给予考核评价。

任务资料及设备

1. 相关知识和参考资料；

2. 实训设备：刀具、菜墩、餐具等；

3. 实训原料：不同品种，实训原料不同，详见实训品种。

任务实施

实训1 冬

原　料： 大白萝卜、胡萝卜、方火腿、黄瓜、松花肠、火腿肠、可可粉、澄粉、蛋白糕等

餐　具： 30厘米×40厘米长方形白瓷盘

工　具： 菜刀、菜墩、雕刻工具等

制作过程：

1. 用可可粉调出可可面团，将可可粉团做出梅花树枝，用烫好的澄粉塑出喜鹊身体和梅花的花托；

2. 取一块胡萝卜雕刻成三角形，雕出喜鹊的头部形状，刻出眼睛，细刻出头部绒毛，装上眼睛；

3. 取一块青萝卜去皮，刻成喜鹊尾巴；用蛋白糕修成梅花瓣的花

坯形状，用拉刀法切片，拼摆出梅花花瓣，摆在底托上，拼出五片花瓣的梅花形，放上黄色花心；

4. 用胡萝卜修成喜鹊羽毛的形状，用拉刀法切成薄片，将切好的羽毛分层拼摆在喜鹊的身体上，用胡萝卜修成喜鹊的翅膀，固定在喜鹊的身体上，拼摆出喜鹊的身体；

5. 将蛋白糕、蛋黄糕、青萝卜、胡萝卜、黄瓜拼摆出假山，摆在盘中，拼摆完成。

操作关键：

1. 坯料要修整象形，美观；

2. 拼摆花瓣要细致；

3. 色彩搭配要合理。

—— 制作图解 ——

1 用可可粉调出可可面团

2 将可可粉团做出梅花树枝

3 用烫好的澄粉塑出喜鹊身体和梅花的花托

4 取一块胡萝卜雕刻成三角形

5 雕出喜鹊的头部形状

6 刻出眼睛

7 细刻出头部绒毛，装上眼睛

8 取一块青萝卜去皮

9 刻成喜鹊尾巴

10 用蛋白糕修成梅花瓣的花坯形状

11 用拉刀法切片，拼摆出梅花花瓣，摆在底托上

12 拼出第二片花瓣

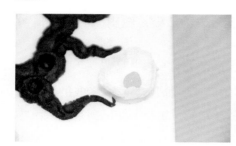

13 拼出五片花瓣的梅花形，放上黄色花心

14 用胡萝卜修成喜鹊羽毛的形状，用拉刀法切薄片

15 将切好的羽毛分层拼摆在喜鹊的身体上

16 用胡萝卜修成喜鹊的翅膀，固定在喜鹊的身体上

⑰ 拼摆出喜鹊的身体

⑱ 用胡萝卜、心里美、黄瓜拼摆出假山石

—成品特点—

🌲 造型美观　　　🌲 色彩鲜艳

实训2　春

原　料：青萝卜、胡萝卜、心里美萝卜、方火腿、黄瓜、松花肠、蛋白糕、琼脂糕、澄粉等

餐　具：30厘米×40厘米长方形白瓷盘

工　具：菜刀、菜墩、雕刻工具等

制作过程：

1. 青萝卜切成细长条，用刀雕刻成竹节形，做出大小不同的竹节，拼摆成形；

2. 用烫好的澄粉塑成两个大小不同的春笋；

3. 将青萝卜切成薄片，拼摆在竹笋上，心里美萝卜修成拼摆春笋的坯料，用拉刀法切成薄片，拼摆在春笋上，胡萝卜切成薄片，拼摆在春笋上，继续拼摆，完成春笋拼摆，用同样的方法拼摆出另一个春笋，摆入盘内，组合成形；

4. 用黄瓜、青萝卜、火腿、蛋白糕，琼脂糕拼出假山的山石，山石组合后，用小草装饰，拼摆完成。

操作关键：

1. 坯料要修整象形，美观；

2. 拼摆春笋要细致；

3. 色彩搭配要合理。

1 青萝卜切成细长条

2 用刀雕刻成竹节形

3 做出大小不同的竹节，拼摆成形

4 用烫好的澄粉塑成两个大小不同的春笋

5 将青萝卜切成薄片，拼摆在竹笋上

6 心里美萝卜修成拼摆春笋的坯料，用拉刀法切成薄片，拼摆在青笋上

7 胡萝卜切成薄片，拼摆在春笋上

8 继续拼摆

9 春笋拼摆完成

10 用同样的方法拼摆出另一个春笋，摆入盘内

11 组合成形

12 摆上拼摆好的假山石，拼摆完成

— 成品特点 —

🌳 造型美观　　🌳 色彩鲜艳

实训3　灯笼

原　料：青萝卜、胡萝卜、白萝卜、心里美萝卜、南瓜、松花肠、火腿、捆蹄、熏肠、可可粉糕、蛋白糕、澄粉等

餐　具：30厘米×40厘米长方形白瓷盘

工　具：菜刀、菜墩、雕刻工具等

制作过程：

1. 先用可可粉糕雕刻出房檐，再用可可粉糕修成长方形，刻出窗格，将窗格和房檐放入盘中拼摆成形；

2. 用烫好的澄粉塑出两只灯笼的形状；

3. 心里美萝卜修成拼摆灯笼的坯形，用快刀切成薄片，将切好的薄片拼摆出灯笼的一部分，灯笼拼摆完成；

4. 将南瓜修成薄片，雕刻出灯笼的底座；

5. 用白萝卜刻出花托；将胡萝卜修成拼摆牡丹花的坯料，用刀切成薄片轻拍，做出花瓣的坯面，将拼好的花瓣固定在底座上，拼摆出五瓣两层的牡丹花，用白萝卜切成丝放在牡丹花的中间，牡丹花拼摆完成；

6. 青萝卜修成拼摆假山石的坯料，用刀切成薄片，将切好的青萝卜片拼摆出假山，用松花肠、火腿、捆蹄、熏肠拼出底面山石的其他部分，拼摆好假山石；

7. 青萝卜雕刻成小草，将刻好的小草点缀在假山周围；

8. 将拼好的牡丹花、灯笼摆入盘中，拼摆完成。

操作关键：

1. 坯料要修整象型，美观；
2. 拼摆花瓣要细致；
3. 色彩搭配要合理。

—— 制作图解 ——

1 用可可粉糕雕刻出房檐

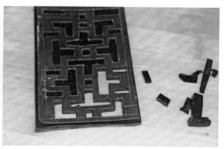

2 将可可糕修成长方形，刻出窗格

3 窗格雕刻完成

4 将窗格和房檐放入盘中拼摆成形

5 用烫好的澄粉塑出两只灯笼的形状

6 心里美萝卜修成拼摆灯笼的坯形

7 用快刀切成薄片

8 将切好的薄片拼摆出灯笼的一部分

9 灯笼拼摆完成

10 将南瓜修成薄片

11 雕刻出灯笼的底座

12 用白萝卜刻出花托

13 将胡萝卜修成拼摆牡丹花的坯料

14 用刀轻拍成薄片，做出花瓣的坯面

15 将拼好的花瓣固定在底座上，拼摆出五瓣两层的牡丹花

16 牡丹花拼摆完成

17 用白萝卜切成丝放在牡丹花的中间，牡丹花拼摆完成

18 青萝卜修拼摆假山石的坯料，用刀切成薄片

19 将切好的青萝卜片拼摆出假山石

20 继续拼摆假山石

21 假山石拼摆完成

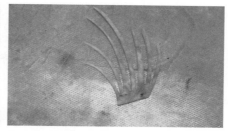

22 青萝卜雕刻成小草

23 将刻好的小草点缀在假山周围

24 将拼好的牡丹花、灯笼摆入盘中，拼摆
完成

—成品特点—

🌳 造型美观　　🌳 色彩鲜艳

扩展提升

通过以上几种花色拼盘的制作，掌握各种其他类拼盘的基本技能，为进一步做好其他类花色拼盘打下基础；通过对这些拼盘的制作，使制作者掌握刀工处理、形状搭配、色彩协调等技能，使花色拼盘更加美观、生动、协调，给人以美的享受。

思考题

1. 如何构思各种其他类的造型？

2. 如何进行其他类花色拼盘的垫底？

3. 在选用其他类花色拼盘原料时应注意什么？

4. 如何保证其他类花色拼盘的色彩搭配？

5. 自己设计一个其他类花色拼盘，进行制作实验。

参考文献
REFERENCES

【1】冯玉珠.烹调工艺学.第四版.北京：中国轻工业出版社，2014.

【2】朱云龙.冷菜工艺.北京：中国轻工业出版社，2008.

【3】钱峰，许鑫.花色拼盘设计与制作.北京：中国轻工业出版社，2015.

【4】茅建民.冷菜工艺教程.北京：中国轻工业出版社，2009.